化工专业实训教程

杨　浩　汤雁婷
田亚杰　肖传豪 ｜ 编著

河南大学出版社
HENAN UNIVERSITY PRESS
·郑州·

图书在版编目(CIP)数据

化工专业实训教程 / 杨浩等编著. -- 郑州 : 河南
大学出版社,2023.12
  ISBN 978-7-5649-5779-7

  Ⅰ.①化… Ⅱ.①杨… Ⅲ.①化学工程－高等学校－
教材 Ⅳ.①TQ02

  中国国家版本馆 CIP 数据核字(2024)第 015763 号

责任编辑 李亚涛
责任校对 柳　涛
封面设计 高枫叶

————————————

出版发行 河南大学出版社
        地址:郑州市郑东新区商务外环中华大厦 2401 号
        邮编:450046
        电话:0371-86059750(高等教育与职业教育分公司)
            0371-86059701(营销部)
        网址:hupress.henu.edu.cn
排　版 河南大学出版社设计排版中心
印　刷 广东虎彩云印刷有限公司
版　次 2023 年 12 月第 1 版
印　次 2023 年 12 月第 1 次印刷
开　本 787 mm×1092 mm　1/16
印　张 7.75
字　数 174 千字
定　价 26.00 元

————————————

前　　言

　　党的二十大报告对新时代教育高质量发展提出了新的要求,深入推进工程教育改革,服务社会发展与国家重大战略需求,促进产学合作、协同育人。我国工程教育普遍存在培养过程中实践能力不足,专业教师对工程实践认识度和知识储备不够,学生缺乏工程实践技能操作的场所等问题。

　　工程教育必须注重加强学生工程意识的培养,使他们能独立思考各种工程问题,具备工程简化能力,建立合理、经济、简便解决实际工程的能力,以培养出知识面宽广且具有较强创新能力的人才。工程实训是指在大学生即将毕业走进社会前期,经过工程装置的操作训练加强实际动手操作能力和工程素养,从而为将来进入职场打下坚实的基础,也为顺利进入职场增加一定的竞争优势。化工综合实验与实训作为化工类创新人才培养过程中重要的实践环节,在化工教育中起着重要的作用,它具有直观性、实践性、综合性和创新性,而且还能培养学生具有一丝不苟、严谨的工作作风和实事求是的工作态度。

　　工程教育专业认证对工科专业人才培养提出了解决复杂问题能力的要求。《化工专业实训教程》旨在满足地方高校化工专业人才培养需求,本教材由河南大学能源科学与技术学院负责编写,共包含六个章节。第一章为化工实训安全,第二章为金工实习实训,第三章为流体管路拆装实训,第四章为洗洁精生产操作实训,第五章为化工工艺仿真实训,第六章为化工过程强化——反应精馏。本教材延伸了课堂学习,所有学生均能动手操作,强化了学生对化工安全生产、单元操作、化工工艺过程等方面的知识体系。由于知识和能力有限,粗浅之处,敬请专家和读者批评指正。本教材为河南大学2022年度校级规划教材。

编者

2023 年 12 月

目　　录

第 1 章　化工实训安全

1.1　工业卫生和劳动保护

化工单元实训基地的老师和学生进入化工单元实训基地后必须佩戴合适的防护手套,无关人员不得进入化工单元实训基地。

1.2　动设备操作安全注意事项

(1)启动风机,通电前观察风机的运转方向,通电并很快断电,利用风机转速缓慢降低的过程,观察风机是否正常运转;若运转方向错误,立即调整风机的接线。

(2)确认工艺管线、工艺条件是否正常。

(3)启动风机后看其工艺参数是否正常。

(4)观察有无过大噪声,移动及松动的螺栓。

(5)电机运转时不可接触转动件。

1.3　静设备操作安全注意事项

(1)操作及取样过程中注意防止静电产生。

(2)换热器在需清理或检修时应按安全作业规定进行。

(3)容器应严格按规定的装料系数装料。

1.4　安全技术

进行实训之前必须了解室内总电源开关与分电源开关的位置,在启动仪表柜电源前,必须清楚每个开关的作用以便出现用电事故时及时切断电源。

设备配有压力、温度等测量仪表,一旦出现异常及时对相关设备停车,进行集中监视并做适当处理。

不能使用有缺陷的梯子,登梯前必须确保梯子支撑稳固,面向梯子上下并双手扶梯,登梯时要有同伴监护。

1.5　职业卫生

噪声对人体的危害是多方面的,噪声可以使人耳失聪,引起高血压、心脏病、神经官能症等疾病。噪声还污染环境,影响人们的正常生活。

(1)工业企业噪声的卫生标准

工业企业生产车间和作业场所的工作点的噪声标准为85分贝。现有工业企业经努力暂时达不到标准时,可适当放宽,但不能超过90分贝。

(2)噪声的防扩

噪声的防扩方法很多,而且不断改进,主要有三个方面,即控制声源、控制噪声传播、加强个人防护。

1.6　行为规范

(1)严禁烟火、不准吸烟。

(2)保持实训环境的整洁。

(3)不准从高处乱扔杂物。

(4)不准随意坐在灭火器箱、地板上。

(5)非紧急情况下不得随意使用消防器材(训练除外)。

(6)不得靠在实训装置上。

(7)在实训基地、教室里不得打骂和嬉闹。

(8)使用完毕的清洁用具按规定放置整齐。

1.7　化工生产 41 条禁令

1.7.1　生产区内 14 个不准

(1)加强明火管理,防火、防爆区内不准吸烟。车辆进入应戴阻火器。

(2)生产区内,不准未成年人进入。

(3)上班时间,不准睡觉、干私活、离岗和干与生产无关的事。

(4)在班前、班中不准喝酒。

(5)不准使用汽油等挥发性强的可燃液体擦洗设备、用具和衣物。

(6)不按规定穿戴劳动保护用品(包括工作服、工作帽、工作鞋等),不准进入生产岗位。

(7)安全装置不齐全的设备、工具不准使用。

(8)不是自己分管的设备、工具不准动用。

(9)检修设备时安全措施不落实,不准开始检修。

(10)停机检修后的设备,未经彻底检查不准启动。

(11)未办理高处作业证,不戴安全带,脚手架跳板不牢,不准登高作业。

(12)石棉瓦、轻薄塑料瓦上不固定好跳板,不准作业。

(13)未安装触电保护器的移动式电动工具,不准使用。

(14)未取得安全作业证的职工,不准独立作业;特殊工种职工,未经取证,不准作业。

1.7.2　进入容器、设备的八个必须

(1)必须申请办证,并得到批准。

(2)必须进行安全隔绝。

(3)必须切断动力电,并使用安全灯具。

(4)必须进行转换、通风。

(5)必须按时间要求,进行安全分析。

(6)必须佩戴规定的防护用品。

(7)必须有人在器外监护,并坚守岗位。

(8)必须有抢救后备措施。

1.7.3　动火作业六大禁令

（1）动火证未经批准,禁止动火。

（2）不与生产系统可靠隔绝,禁止动火。

（3）不进行清洗、置换不合格,禁止动火。

（4）不消除周围易燃物,禁止动火。

（5）不按时做动火分析,禁止动火。

（6）没有消防措施,无人监护,禁止动火。

1.7.4　操作工六严格

（1）严格执行交接班制。

（2）严格进行巡回检查。

（3）严格控制工艺指标。

（4）严格执行操作法(票)。

（5）严格遵守劳动纪律。

（6）严格执行安全规定。

1.7.5　机动车辆七大禁令

（1）严禁无证、无令(调度令)开车。

（2）严禁酒后开车。

（3）严禁超速行驶和空挡溜车。

（4）严禁带病行车。

（5）严禁人货混载行车。

（6）严禁超标装载行车。

（7）严禁无阻火器车辆进入禁火区域。

1.8　消防知识

1.8.1　消防基本知识

（1）燃烧:是指可燃物与氧或氧化剂作用发生的释放热量的化学反应,通常伴有火焰、发光和(或)发烟现象。

（2）燃烧发生必备的三个条件：可燃物、助燃剂和火源三个条件，并且三个要同时具备，去掉一个火灾即可扑灭。

（3）可燃物：凡是能与空气中的氧或氧化剂起化学反应的物质统称为可燃物。按其物理状态可分为气体可燃物（如 H_2、CO），液体可燃物（如酒精、汽油、天那水等）和固体可燃物（如木材、布料、塑料、纸板等）三类。

（4）助燃剂：凡是能帮助和支持可燃物燃烧的物质统称为助燃剂（如空气、氧气、氢气等）

（5）着火源：凡是能够引起可燃物与助燃剂发生燃烧反应的能量来源（常见的是热量）叫着火源

（6）爆炸：是指在极其短的时间内有可燃物和爆炸物品发生化学反应而引发的瞬间燃烧，同时产生大量的热和气体，并以很大的压力向四周扩散的现象。

（7）化学危险品：凡是易燃易爆、有毒、有腐蚀性，在搬运、储存或使用过程中，在一定条件下能引起燃烧、爆炸，导致人身或财产损失的化学物品，统称为化学危险品。

（8）化学危险品一般分为：爆炸品，毒害品，腐蚀性物品压缩气体，液化气体，易燃液体，易燃固体，自燃物品，遇湿易燃物品，氧化剂和有机过氧化物，放射性物品等。

1.8.2　常见火灾的扑救方法

1.火灾扑救的基本方法

（1）窒息减灭法：用湿棉被、沙等覆盖在燃烧物表面，使燃烧物缺少氧气的助燃而熄灭。

（2）冷却减灭法：将水或灭火剂直接喷洒在燃烧物上面，使燃烧物的温度降低到燃点以下，从而终止燃烧。

（3）隔离减灭法：将燃烧物体邻近的可燃物隔离开，使燃烧停止。

（4）抑制法：将灭火剂喷在燃烧物体上，使灭火剂参与燃烧反应，从而抑制燃烧。

2.火灾扑救的注意事项

（1）为保证灭火人员安全，发生火灾后，应首先切断电源。然后才可以使用水、泡沫等灭火剂灭火。

（2）对密闭条件好的小面积室内火灾，应先关闭门窗以阻止新鲜空气的进入，将相邻房间门紧闭并淋湿水，以阻止火势蔓延。

（3）对受到火势威胁的易燃、易爆物品等，应做好防护措施，如关闭阀门、疏散到安全地带等，并及时撤离在场人员。

1.8.3　常见火灾的预防

1.预防火灾的基本措施

（1）管制可燃物。

（2）隔绝助燃物。

（3）消除着火源。

（4）强化防火防灾的主观意识。

2.电器类火灾的预防

（1）严禁非电工人员安装、修理电器。

（2）选择适宜的电线，保护好电线绝缘层，发现电线老化要及时更换。

（3）严禁超负荷运载。

（4）接头必须牢固，避免接触不良。

（5）禁止用铜丝代替保险丝。

（6）定期检查，加强监视。

3.化学品库火灾的预防

（1）化学品库的容器、管道要保持良好状态，严防跑、冒、滴、漏。

（2）化学品库存放场所，严禁一切明火。

（3）分类储存性质相抵触、灭火方法不一样的化学危险品。

（4）从严管理、互相监督。

（5）严禁烟火。

1.8.4　灭火器的适用范围及使用方法

1.MFT 型推车或灭火器

适用于扑救石油及其产品、可燃气体、易燃液体、电器设备等的火灾。使用时取下喷枪，伸展胶管，按逆时针方向转动手枪至开启位置，双手紧握软管用力紧压开关头，对准火焰根部，喷射推进。

2.干粉灭火器

适用于扑救液体、气体、电器、固体火灾，能够抑制燃烧的连锁反应。使用时先将保险锁拔掉，然后手握紧喷头对准火焰根部，一手下压开启开关压把。

第2章 金工实习实训

2.1 长方体的钳工制作

2.1.1 背景介绍

2.1.1.1 长方体图样分析

(1)零件材料为45钢。

(2)主要尺寸精度要求：

平行面间距离为22±0.08 mm；长度距离116 mm。（未注公差IT14级）

(3)形状精度要求：平面度公差为0.04。

(4)位置精度要求：平行度公差为0.06；垂直度公差为0.04。

(5)粗糙度要求：表面粗糙度公差$Ra3.2~\mu m$。

(6)加工重点：六个大平面的综合公差保证。

2.1.1.2 前期准备

1.一般知识要求

(1)掌握各种钳工加工基本知识。

(2)掌握量具、刀具等的正确使用方法及维护保养知识。

2.钳工技能要求

(1)正确使用划线工具进行划线操作。

(2)掌握锯割的技术要领并进行毛坯的锯割。

(3)掌握平面锉削的技术要领并进行零件的平行面、垂直面锉削加工。

(4)正确使用量具进行零件测量。

(5)按实施计划完成长方体的钳工制作，达到图纸规定的尺寸、形位精度及表面粗糙度要求。

3.其他要求

培养安全、文明生产的习惯以及合理组织自己工作的能力。

2.1.1.3　毛坯的选择

1.毛坯的有关知识

毛坯的种类有以下几种。

(1)铸件。

铸件适用于形状较复杂的零件毛坯。其铸造方法有砂型铸造、精密铸造、金属型铸造、压力铸造等。

(2)锻件。

锻件适用于强度要求高、形状比较简单的零件毛坯。其锻造方法有自由锻和模锻两种。

(3)型材。

型材有热轧和冷拉两种。热轧适用于尺寸较大、精度较低的毛坯;冷拉适用于尺寸较小、精度较高的毛坯。

(4)焊接件。

焊接件是根据需要将型材或钢板等焊接而成的毛坯件。

(5)冷冲压件。

冷冲压件毛坯可以非常接近成品要求,在小型机械、仪表、轻工电子产品方面应用广泛。

2.长方体毛坯的选择依据

(1)毛坯选择时应考虑以下因素:零件的材料及机械性能要求;零件的结构形状与外形尺寸;生产纲领的大小;现有生产条件;充分利用新工艺、新材料。

(2)毛坯种类的选择:这里长方体为钳工单件生产,毛坯选择型材,采用材料为45钢的热轧圆钢进行下料。

(3)毛坯尺寸的选择:如果要让毛坯足以加工出工件,圆钢毛坯的直径必须大于正方形工件对角线的尺寸。

2.1.1.4　加工方法的选择

1.加工方法的有关知识

(1)划线。

划线是在毛坯或待加工件上,依据准备加工的零件尺寸要求,用划线工具划出尺寸界线或作为基准的点、线的操作过程。有时划完线后,会在线上隔适当距离冲眼(点)或在中心点处直接冲点,起突出显示的作用。

划线分平面划线和立体划线。只需在工件的一个平面上划线,便能明确表示出加工界线的,称为平面划线;需要在工件几个不同方向的表面上同时划线,才能明确表示出加工界线的,则称为立体划线。

划线的作用:明确的尺寸界线不但可以确定工件上各加工面的加工位置和加工余

量,并且有助于及时发现和处理不合格的毛坯,避免加工后造成损失。当毛坯误差不太大时,往往依靠划线时用借料的方法予以补救,使加工后的零件仍能符合图样要求。

(2)锯割。

锯削是用锯条对材料进行切削和分割的一种加工方法。

(3)锉削。

锉削是用锉刀对工件表面进行切削加工的一种方法,可以加工内外平面、内外曲面、内外角度面、沟槽和各种复杂形状的表面。锉削加工主要用于不适宜采用机械加工的场合,例如样板、工具、模具的制造,装配或修理时对某些零件的修整等。

2.加工方法的选择

根据零件要求加工方法采用先平面或立体划线定界线,锯割切除大部分余量,通过锉削加工使各个面达到要求。

2.1.1.5　装夹方式的选择

1.夹具的有关知识

(1)台虎钳是用来夹持工件的通用夹具,有固定式和回转式两种结构类型。

(2)台虎钳的规格以钳口的宽度表示,有 100 mm,125 mm,150 mm 等。

2.夹具的选择

加工中采用台虎钳进行夹持。

2.1.1.6　工具的选择

1.划线

(1)划针。

划针是用工具钢或弹簧钢丝制成,端部磨尖成 15°~20°夹角。

(2)划规。

划规是用中碳钢或工具钢制成的,两脚尖端经淬火后磨锐。可用来划圆、圆弧、等分线段、等分角度以及量取尺寸等。

(3)划线平板。

划线平板是用铸铁制成,表面经精刨或刮削加工,具有较高的精度,划线时作为基准面。使用时注意平板工作表面应经常保持清洁,防止铁屑、灰碴等在划线工具或工件的拖动下划伤;工具和工件在平板上应轻拿、轻放,避免撞击;不可在平板上敲击工件;平板使用后应揩净并涂油防锈。

(4)划针盘。

划针盘是用来在划线平板上对工件进行划线或找正位置的,划针的直端用于划线,弯端常用于对工件的位置找正。

(5)高度尺。

普通高度尺由钢直尺和底座组成,配合划针盘量取高度尺寸。高度游标卡尺是一种精密量具,读数值为0.02 mm,装有硬质合金划线脚,能直接表示出高度尺寸,通常用于半成品划线。

(6)90°角尺。

90°角尺在划线时常用作划平行线或垂直线的导向工具,也可用来找正工件平面、在划线平板上的垂直位置。

(7)样冲。

用于工件所划加工线条上冲眼,作加强加工界线标志(称检验样冲眼)和作划圆弧或钻孔定中心(称中心样冲眼)。它一般用工具钢制成,尖端处淬硬,其顶尖角度在用于加强划线标记时大约为40°,用于钻孔定中心时取60°。

划线工具的选择:划线时用平板进行基准定位,用高度尺进行平面划线,用样冲冲眼。

2.锯割

(1)手锯构造和锯条的选择。

手锯由锯弓和锯条构成,锯弓有可调式和固定式两种。可调式锯弓其握手的形状便于用力,所以目前被广泛地使用。

(2)锯条的分类和正确选用。

①分类:按锯齿的牙距大小分为细齿(1.1 mm)、中齿(1.4 mm)、粗齿(1.8 mm)。

②选用原则。

锯条齿纹的粗细应根据所锯材料的硬度、厚薄来选择。

锯割软材料或厚的材料时应选用粗齿锯条。一般粗齿锯条适用于锯割紫铜、青铜、铝、铸铁、低碳钢和中碳钢等。

锯割硬材料或薄的材料时应选用细齿锯条。一般细齿锯条适用于锯割硬钢、各种管子、薄板料、薄角铁等。

3.锉削

(1)锉刀的结构。

锉刀由碳素工具钢(T12、T12A)制成,经热处理后其切削部分硬度达到62 HRC以上。

(2)锉刀的种类。

锉刀主要分钳工锉、异形锉和整形锉三类。

钳工锉按其断面形状的不同,分为齐头扁锉(板锉)、方锉、半圆锉、三角锉和圆锉等。

异形锉用于加工零件的特殊表面,很少应用。

整形锉主要用于加工精细的工件,如模具、样板等。

(3)锉刀的选择原则。

锉刀断面形状的选择:锉刀的断面形状应根据工件加工面的形状进行选择。

锉刀锉纹参数的选择:锉刀的锉纹号应根据工件加工余量多少、加工精度的高低、表面粗糙度的粗细和工件材料的软硬度等来选择。锉削软材料时,须用专用的软材料锉刀或用小锉纹号锉刀。锉削较硬材、加工精度要求较高的工件或加工余量较少的工件,可选用锉纹号较大的锉刀。

锉削刀具的选择:锉削中采用齐头扁锉进行加工。

2.1.1.7 量具的选择

以下为量具的有关知识。

(1)游标卡尺。

游标卡尺是一种中等精度的量具。可以直接量出工件的外径、孔径、长度、宽度、深度和孔距等尺寸。游标卡尺比较简单轻巧,上端两爪可测量孔径、孔距及槽宽,下端两量爪可测量外圆和长度等。还可用尺后的测深杆测量内孔和沟槽深度。

(2)千分尺。

千分尺是一种比较精密的测量量具,是利用螺旋副原理,对弧形尺架上两测量面间分隔的距离进行读数的通用长度测量工具,其测量精确度比游标卡尺高。普通千分尺的测量分度值为 0.01 mm,因此常用来测量加工精度要求较高的零件尺寸。

2.2 实验方法

2.2.1 长方体钳工工艺设计

1.基准平面、垂直面和平行面的锯割

(1)粗基准的选择、安装和夹紧方法。

(2)锯割与基准面垂直的邻面的选择、安装和夹紧方法。

(3)锯割与基准面平行的对面的选择、安装和夹紧方法。

(4)完成其余三个平面锯割的步骤。

2.平行面、垂直面的锉削加工

(1)平行面、垂直面锉削加工的方法。

(2)保证尺寸和位置精度的措施。

2.2.2 编制长方体钳工工艺

长方体钳工工艺

(1)以 V 型铁和平板为基准定位,划出 22 * 22 的正方形加工界线,并冲眼。

(2)先锯割,再粗、精锉第一面作为基准,检验达到平面度和粗糙度要求。

(3)先锯割,再粗、精锉基准面的平行面,检验达到平面度、平行度和粗糙度要求。

(4)先锯割,再粗、精锉基准面的垂直面,检验达到平面度、垂直度和粗糙度要求。

（5）先锯割，再粗、精锉最后一面，检验达到平面度、垂直度和粗糙度要求。

（6）在加工过程当中进行检验，加工完成后修正，并做最后的验收。

2.3　实验评价

2.3.1　长方体钳工实施技能

1.钳工工作的主要内容

钳工的主要工作是用手工方法进行零件加工和装配，此外还担负机械设备的修理，各种工、夹、量具以及各种专用设备的手工制造等。

钳工的各项基本操作技能包括：划线、冲眼、锯割、锉削等，以及基本测量技能和简单的热处理方法。

2.钳工常用设备

（1）钳台。

用来安装台虎钳、放置工具和工件等。其高度800～900 mm，使装上台虎钳后，能取得操作者工作的合适高度，一般以钳口高度恰好齐人手肘为宜，长度和宽度随工作需要而定。

（2）台虎钳。

用来夹持工件的通用夹具。

（3）砂轮机。

用来刃磨钻头、錾子等刀具或其他工具等。

（4）钻床。

用来对工件进行各类圆孔的加工。有台式钻床、立式钻床和摇臂钻床等。

3.钳工基本操作中常用工、量具

常用工具有：

（1）划线用的划针，划针盘、圆规、样冲和平板。

（2）凿削用的手锤和各种凿子。

（3）锉削用的各种锉刀。

（4）锯割用的锯弓和锯条。

（5）孔加工用的麻花钻和各种锪钻、铰刀。

（6）攻丝、套丝用的各种丝锥、板牙。

（7）刮削用的平面刮刀和曲面刮刀等。

（8）装配用的各种旋具、手锤、手钳等。

常用量具有：钢皮尺、内外卡钳、游标卡尺、量角器、厚薄规、水平仪等。

4.划线

平面划线时的基准选择有以下三种类型：

（1）以两条直线作为基准，该零件上有两组成垂直方向的尺寸。每一方向的尺寸组都是依照它们的外缘直线确定的，则两条外缘线即分别确定为这两个方向的划线基准。

（2）以两条中心线作为基准，该零件的大部分尺寸都与两条中心线对称，并且其他尺寸也是以中心线为依据确定的，这两条中心线就可分别确定为划线基准。

（3）以一条直线和一条中心线作为基准。该零件高度方向的尺寸是以底线为依据而确定的，此底线即可作为高度方向的划线基准；而宽度方向的尺寸则对称于中心线，故中心线即可确定为宽度方向的划线基准。

划线方法有以下几种：

（1）用作图法划平行线。以已知平行线之间的距离 R 为半径，用划规划两圆弧，作两圆弧公切线即可。

（2）角尺推平行线。角尺紧靠工件基准边，并沿基准边移动，用钢尺度量尺寸后，沿角尺边划出。

（3）平台、划针盘划平行线。当工件可以垂直安放在划线平台上（紧靠方箱、角铁的侧面）时可用划针盘在高度尺上度量尺寸后，沿平台移动划出。

5.冲眼

（1）冲眼方法。

先将样冲外倾使尖端对准线的正中，然后再将样冲立直冲眼。

（2）冲眼要求。

位置要准确，中心点不可偏离线条；在曲线上冲眼距离要小，如直径小于 20 mm 的圆周线上应有四个冲眼，而直径大于 20 mm 的圆周线上应有八个以上冲眼；在直线上冲眼距离可大些，但短直线至少有三个冲眼；在线条的交叉转折处则必须冲眼；冲眼的深浅要掌握适当，在薄壁上或光滑表面上冲眼要浅，在粗糙表面上要深些。

6.锯割

（1）手锯握法、锯割姿势、压力及速度。

1）两手握法。

右手满握手柄，左手轻扶在锯弓前端。

2）姿势。

锯割时的站立位置和身体摆动姿势与锉削基本相似，摆动要自然。

锯割运动时推力和压力由右手控制，左手压力不要过大，主要配合右手扶正锯弓。应该推出时施加压力，回程时不加压力，工件将断时压力要小。

3）运动和速度。

锯割运动一般采用小幅度的上下摆动式运动。就是手锯推进时，身体略向前倾，双手随着压向手锯的同时，左手上翘，右手下压，回程时右手上抬，左手跟回的摆动运动。对锯缝底面要求平直的锯割，必须采用直线运动。运动速度一般为 40 次/分左右，锯割行程应保持匀速，返回行程速度应相应快些，锯硬材料的速度应比锯软材料速度要慢。

（2）锯割操作方法。

1）工件的夹持。

工件一般应夹在台虎钳的左面，以便操作；工件伸出钳口不应过长，锯缝离开钳口侧面约20 mm左右，防止工件在锯割时产生振动；锯缝线要与钳口侧面保持平行（使锯缝线与铅垂线方向一致），便于控制锯缝不偏离划线线条；夹紧要牢靠，同时要避免将工件夹变形和夹坏已加工面。

2）锯条的安装。

手锯是在前推时才起切削作用，因此锯条安装应使齿尖的方向朝前，如果装反了，则锯齿前角为负值，就不能正常锯割了。

在调节锯条松紧时，蝶形螺母不宜旋得太紧或太松，太紧时锯条受力太大，在锯割中用力稍有不当，就会折断；太松则锯割时锯条容易扭曲，也易折断，而且锯出的锯缝容易歪斜。其松紧程度可用手扳动锯条调节，以感觉硬实即可。锯条安装后，要保证锯条平面与锯弓中心平面平行，不得倾斜和扭曲，否则，锯割时锯缝极易歪斜。

3）起锯方法。

起锯是锯割工作的开始。起锯质量的好坏，直接影响锯割质量，如果起锯不正确，会使锯条跳出锯缝将工件拉毛或者引起锯齿崩裂。起锯有远起锯和近起锯两种。起锯时，左手拇指靠住锯条，使锯条能正确地锯在所需要的位置上，行程要短，压力要小，速度要慢。起锯角 α 约在 15°左右。如果起锯角太大，则起锯不易平稳，尤其是近起锯时锯齿会被工件棱边卡住引起崩裂。但起锯角也不宜太小，否则，由于锯齿与工件同时接触的齿数较多，不易切入材料，多次起锯往往容易发生偏离，使工件表面锯出许多锯痕，影响表面质量。

一般情况下采用远起锯较好，因为远起锯锯齿是逐步切入材料，锯齿不易卡住，起锯也较方便。如果用近起锯而掌握不好，锯齿会被工件的棱边卡住，此时也可采用向后拉手锯作倒向起锯，使起锯时接触的齿数增加，再作推进起锯就不会被棱边卡住。起锯锯到槽深有 2～3 mm，锯条已不会滑出槽外，左手拇指可离开锯条，扶正锯弓逐渐使锯痕向后（或向前）成为水平，然后往下正常锯割。正常锯割时应使锯条的全部有效齿在每次行程中都参加锯割。

（3）锯割技巧。

1）棒料。

如果锯割的断面要求平整，则应从开始连续锯到结束。若锯出的断面要求不高，可分几个方向锯下，这样，由于锯割面变小而容易锯入，可提高工作效率。

2）管子。

锯割管子前，要划出垂直于轴线的锯割线，由于锯割对划线的精度要求不高，最简单的方法可用矩形纸条（划线边必须直）按锯割尺寸绕住工件外圆，然后用滑石划出。锯割时必须把管子夹正。对于薄壁管子和精加工过的管子，应夹在有 V 形槽的两木衬垫之间，以防将管子夹扁和夹坏表面。

锯削薄壁管子时不可在一个方向从开始连续锯割到结束，否则锯齿会被管壁钩住而崩裂。正确的方法应是先在一个方向锯到管子内壁处,然后把管子向推锯的方向转过一定角度,并连接原锯缝再锯到管子的内壁处,如此逐渐改变方向不断转锯,直到锯断为止。

3)薄材料的锯割。

锯割时尽可能从宽面上锯下去。当只能在板料的狭面上锯下去时,可用两块木板夹持,连木块一起锯下,避免锯齿钩住,同时也增加了板料的刚性,使锯割不会颤动。也可把板料夹在台虎钳上,用手锯作横向斜推锯,使锯齿与薄板接触的齿数增加,避免锯齿崩裂。

7.锉削

(1)锉刀握法。

锉刀的握法随锉刀的大小及工件的不同而改变。

1)较大锉刀的握法。

右手拇指放在锉刀柄上面,手心抵住柄端,其余手指由下而上紧握刀柄;左手拇指根部肌肉轻压在锉刀前端,中指、无名指捏住锉刀头。右手用力推动锉刀,并控制锉削方向,左手使锉刀保持水平位置,并在回程时消除压力或稍微抬起锉刀。

2)中型锉刀的握法。

右手握法与上述相同,左手只需用拇指和食指轻轻捏住锉刀。

3)小型锉刀的握法。

右手握法也和上述相似,左手四个手指压在锉刀的中部,可避免锉刀发生弯曲。整形锉刀太小,只能用右手平握,食指放在锉刀上面,稍加压力。

(2)锉削的姿势动作。

锉削时站立位置与錾削基本相似。在锉削时,两手握住锉刀放在工件上面,左臂弯曲,小臂与工件锉削面左右保持基本平行,右小臂要与工件锉削面前后保持基本平行,但要自然。右脚伸直并稍向前倾,重心落于左脚,左膝随锉削时的往复运动而屈伸,锉削时要使锉刀的有效长度充分利用。锉削的动作是由身体和手臂同时运动完成的。

(3)锉削时两手的用力和锉削速度。

为使锉刀在工件上保持平衡,必须使右手的压力随锉刀推动而增加,左手的压力随锉刀推动而逐渐减少。回程时不加压力,以减少锉齿的磨损。

锉削速度一般为 40 次/分左右,推出时稍慢,回程时稍快,动作要自然。

锉削较大的平面时,往往锉成中间微凸,四周稍低的状况,此时应减少锉刀的行程和锉削速度,还可以利用锉刀中间稍凸的一面进行锉削,这样能取得较好的效果。

2.3.2　实施中的相关事项

2.3.2.1　注意事项

(1)主要设备的布局要合理。

（2）毛坯和工件要摆放整齐，尽量放在搁架上，以便于工作。

（3）量具的安放，应按下列要求：

1）在钳台上工作时，工量具应按次序排列整齐，常用的工量具，要放在工作位置附近，且不能超出钳台边沿。

2）工量具要整齐地放在工具箱内，有固定位置，不得任意堆放，以防损坏和取用不便。

3）量具不能与工具或工件混放在一起，应放在量具盒内或专用的板架上。精密量具要轻放，使用前要检验它的精确度，并做定期检修。

4）量具使用完毕后，应擦干净，并在工作面上涂油防锈。

（4）装夹工件不要夹伤已加工表面。

（5）清除切屑时应用小毛刷。

2.3.2.2　钳工安全生产

操作任何机械，发生事故都是很可能的事，钳工也不例外。为了保证工作中的安全，就必须对安全问题随时随地加以重视。有关操作安全方面的注意事项如下：

（1）主要设备的布置要合理适当，如钳桌要放在便于工作和光线适宜的位置；两对面使用的钳桌，中间要装安全防护网；钻床和砂轮机一般应放在工作场地的边沿，以保证安全。

（2）使用的机床和工具（如钻床、砂轮机、手电钻等）要经常检查，发现故障应及时报修，在未修复前不得使用。

（3）使用电动工具时，要有绝缘防护和安全接地措施。在钳桌上进行錾削时，要有防护网。清除切屑要用刷子，不得直接用手或棉纱清除，也不可用嘴吹。

2.3.3　长方体钳工制作质量的检查

2.3.3.1　尺寸公差测量方法

尺寸公差一般用游标卡尺和千分尺测量。

（1）用游标卡尺测量工件时，读数方法分三个步骤。

1）读出副尺上零线左面主尺的毫米整数。

2）读出副尺上哪一条刻线与主尺刻线对齐（第一条零线不算，第二条起每格算0.05 mm）。

3）把主尺和副尺上的尺寸加起来即为测得尺寸。

1/50 mm游标卡尺主尺每小格1 mm，当两量爪合并时，副尺上的50格刚好与主尺上的49 mm对正。主尺与副尺每格之差为0.02 mm，此差值即为1/50 mm游标卡尺的测量精度。1/50 mm游标卡尺测量时的读数方法与1/20 mm游标卡尺相同。

如果由于条件所限,只能用游标卡尺测量精度要求高的工件时,就必须先用量块校对一下,了解误差数值,在测量时要把误差考虑进去。

除普通游标卡尺外,还有游标深度卡尺、游标高度卡尺和齿轮游标卡尺等。其刻线原理和读法与普通游标卡尺相同。

(2)在千分尺上读数的方法可分为以下两步:

1)读出微分筒边沿在固定套管多少毫米后面。

2)再读微分筒上与固定套筒上基准线对齐格的数。

2.3.4　工艺设计与加工过程的优化

1.工艺设计的优化。

为提高零件加工质量和生产效率,降低生产成本和管理成本,应对工艺设计内容进行改进优化设计,包括工艺装备的选择、工艺参数的选择等。

2.加工过程的优化

通过压板铣削的实施,对其加工过程可进行多方案探讨,进一步优化。

2.3.5　学习效果的评价

1.评价内容

(1)工艺方案的合理性分析。

(2)操作技能的综合性分析。

(3)安全文明生产。

2.评价方法

(1)指导学生进行工艺方案的合理性分析。

(2)对学生进行操作能力的评价。

(3)对学生出勤、学习态度、职业道德、团队合作、敬业勤业进行评价。

3.成果评定

(1)根据零件的图纸技术要求评定成绩,占比 60%;尺寸合格(20%);平行度合格(10%);垂直度合格(10%);角度合格(5%);对称度合格(5%);安全文明操作(10%)。

(2)学生对实际操作过程进行自评,给出相应的分值,占比 15%。

(3)教师评价。根据对学生的考勤、学习态度、协作精神、敬业勤业和职业道德等给分值;根据任务进行过程中的各个环节及结果给出一个分值。综合以上评价,占比 25%。

2.4　正六面体刨削加工

2.4.1　前期准备

2.4.1.1　刨床的选择

1.刨床类型简介

(1)B6050 型牛头刨床。B6050 型牛头刨床是一种机械传动的中型牛头刨床。常用来刨削各种中、小型零件的水平面、垂直面、倾斜面和成形表面等,一般适合于单件和小批生产。

(2)B2012A 型龙门刨床。B2012A 型龙门刨床主要由床身、工作台、工作台传动装置、立柱、横梁、进给箱、刀架、润滑系统、液压安全器及电器设备等部分组成,主要用于大型工件的加工。

2.刨床的选择

根据本工件的生产纲领及尺寸要求,这里选择 B6050 型牛头刨床。

(1)B6050 型牛头刨床主要技术规格。

滑枕的最大刨削长度为 500 mm,滑枕底面至工作台面的最大距离为 380 mm;刨刀自床身前面伸出的最大距离为 760 mm;工作台上面和侧面的台面尺寸均为 440 mm×360 mm,工作台最大回转角度 90°,最大横向移动距离是 500 mm,垂直移动距离是 300 mm;刀架的最大行程为 110 mm,最大回转角度是 ±60°,刨刀杆最大尺寸是 20 mm×32 mm(宽×高);滑枕每分钟往复次数为 15～158 次(分 9 级),工作台横向进给量为 0.125～2 mm/往复行程(分 16 级),垂直进给量为 0.08～1.28 mm/往复行程(分 16 级);电动机功率为 4 kW。

(2)B6050 型牛头刨床各部件的名称和作用。

B6050 型牛头刨床主要由床身、底座、滑枕、工作台、横梁、刀架、曲柄摇杆机构、变速机构、进给机构和操纵机构组成。

1)床身和底座。

床身是一个箱形铸铁件,床身内部装有变速传动机构和曲柄摇杆机构。床身上部有燕尾形导轨,供滑枕往复运动。床身前面的导轨,供横梁上下移动。底座用铸铁制成,上面与床身连接,中凹部存放润滑油,下面用螺栓固定在水泥基地上。

2)滑枕。

滑枕是长条形空心铸件,内部装有丝杠、摇杆叉和一对锥齿轮,用来调整滑枕的起始位置。滑枕与机床的摇杆相连接。滑枕前端有 T 形环槽,用来安装刀架转盘。滑枕下部有燕尾形导轨,与床身导轨相配合。

3）工作台和横梁。

工作台是长方形箱式的铸件，上平面和两侧面有 T 形槽（有的机床工作台侧面有 V 形槽），用来装夹各种工件和夹具。工作台与托板连接，托板安装在横梁的水平导轨面上。工作台可在托板的 T 形环槽内回转一定的角度（见图 2-1）。

横梁装在床身前面的两垂直导轨上。其空腔里有横向进给丝杠，可使工作台和拖板在横梁的水平导轨上横向移动；横梁底部装有升降丝杠，可使工作台和横梁一起垂直移动。

4）刀架。

刀架由刻度转盘、拖板、丝杠、刻度环、舌块、刀箱、夹刀座和紧固螺钉、进刀手轮等组成，如图 2-2 所示。刻度转盘装在滑枕前端的 T 形环槽内，可作 ±60°的回转。刻度转盘的前面是燕尾形导轨，与拖板上的燕尾形导轨相配合。转动进刀丝杠上端的进刀手轮，拖板就沿刻度转盘上的导轨方向移动，这样就实现了刨刀的上下移动。

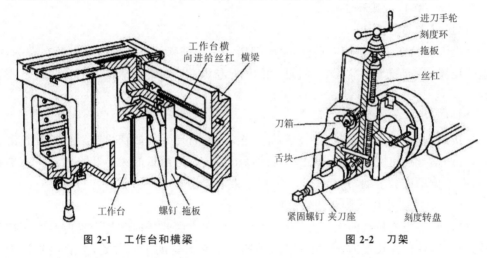

图 2-1　工作台和横梁　　　　　　图 2-2　刀架

舌块用锥销连接在刀箱内。滑枕回程时，舌块向前上方抬起，这样就可避免刨刀与工件的摩擦，提高了工件的表面质量。

刀箱可以在拖板上作 ±20°的偏转以适应刨削垂直面和斜面的要求。

5）曲柄摇杆机构。

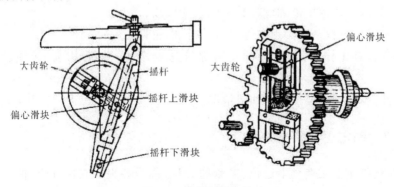

图 2-3　曲柄摇杆机构

　　曲柄摇杆机构又叫摆杆机构(见图 2-3),它的作用是把电动机的旋转运动变成滑枕的往复直线运动。由大齿轮、偏心滑块、摇杆上滑块和下滑块、摇杆等组成。

　　大齿轮向一定的方向旋转时,上滑块在摇杆的槽内滑动,并带动摇杆以下滑块为中心往复摆动。滑枕通过摇杆叉与摇杆连接,当摇杆摆动时,就带动滑枕作往复直线运动。

　　摇杆的摆动会使滑枕的回程速度与工作行程速度不相等。

　　当滑枕回程时,偏心滑块的转角 β 比工作行程时的转角 α 小,而偏心滑块的运动速度是一定的,故滑枕回程时所用时间少,故滑枕的回程速度 v 回程比工作行程的速度 v 工作大。

　　滑枕的运动速度是不断变化的。工作行程时从零开始,逐步升高,然后降低为零;回程时同样是从零开始,逐步升高,然后降低到零。平时讲的工作行程速度是指平均值。

　　3.B6050 型牛头刨床的操纵

　　(1)操纵者的位置。

　　操纵者应站在牛头刨床右前侧,面向刨床。牛头刨床的操纵手柄基本都在右侧,站在这个位置,便于操纵。若发生问题,可切断电源,将操纵手柄向里推,使机床停止运动。

　　(2)操纵牛头刨床的顺序。

　　先接通电源,再按动电器按钮盒的绿色按钮,然后用手摇曲柄检查滑枕行程长度和位置,再调整行程速度,最后调整工作台的高低位置及进给量的大小和方向。一切准备就绪,向外拉动操纵手柄,开动机床。工作结束后要切断电源。

　　4.操纵 B6050 型牛头刨床注意事项

　　(1)在刨削长度较大的工件时,为了防止产生床身内部的摇杆与床身前后壁相撞的事故,调整滑枕行程长度前,应先将紧固手柄调整在滑枕的中间位置,然后逐步调大行程长度,同时经常用曲柄摇手移动滑枕,一是检查行程长度是否合适;二是检查摇杆是否与床身相撞。同样,在调整滑枕行程长度较大的前后位置时,也要注意这一点。

　　(2)工作台的快速移动必须在滑枕停止运动时进行。工作台在进行横向或垂向快速移动时,不能直接快速移动到极限位置,应在距极限位置有一定距离时停止快速移动,改用手动,以防产生撞击和丝杆螺母脱开的事故。

　　(3)改变滑枕行程速度必须在停机后进行,以免打坏齿轮。

　　(4)经常检查工作台、刀架等的夹紧螺母是否松动。如有松动,必须及时用扳手拧紧。

　　(5)在开动机床前,要检查其润滑情况。

2.4.1.2　确定工件装夹方法

　　将工件在机床上或夹具中定位、夹紧的过程,称为装夹。在刨床上加工工件时,应根据被加工工件的形状、尺寸及精度要求选择刨床和装夹方法。

1.工件装夹方法

(1)用平口钳装夹。

装夹工件前,先把平口钳安装在工作台上,然后校正固定钳口使其与行程方向平行或垂直。有时还需要校正平口钳钳身导轨面与横向进给方向及滑枕运动方向的平行度,以保证工件的加工精度。这种装夹方法适合于中、小型工件。

(2)直接装夹在牛头刨床的工作台上。

这种装夹方法适合于较大的工件。

2.本实例采用平口钳装夹

根据正六面体的结构特点及技术要求,本实例应选择用平口钳装夹工件。

在平口钳中装夹工件的基本要求:

(1)工件的加工面必须高于钳口,否则可用平行垫铁将工件垫高,避免刨刀与钳口碰撞。

(2)装夹毛坯工件时,须在两钳口加防护钳口铜皮,以保护钳口不受损伤。但在加工与定位面相垂直的平面时,如果垂直度要求较高,此时夹持面一般为已加工面,则钳口上不能垫护口片,以免影响工件的定位精度和加工精度。

(3)转动钳身时,不能用锤子敲击钳身导轨侧面,以保护钳身导轨精度。

(4)工件装夹时,要用锤子轻轻敲击工件,使工件与垫铁贴实。在敲击已加工过的表面时,应使用铜锤或木�。

(5)装夹刚性较差的工件时,应将工件的薄弱部分预先垫实或加支撑,以免工件夹紧后产生变形。

2.4.1.3　刨刀的选择

1.刨刀的种类

(1)按刀杆的形式分为以下两种。

1)直头刀。

刀杆是直的,刚性好。但切削力大时,会有扎刀现象。

2)弯头刀。

刀杆做成向左、向右或向后弯曲的都称为弯头刀。向左和向右的弯头刀用来加工特形表面(如 T 形槽等)。向后弯曲的是较常见的。刨削过程中,受到大的切削力,刀杆向后弯曲变形不会形成扎刀现象。

(2)按加工形式分为以下几种。

1)平面刨刀刨平面用。

2)偏刀刨垂直面用。

3)切刀切断和刨沟槽用。

4)弯切刀刨 T 形槽用。

5)角度偏刀刨燕尾槽及角度用。

6)内孔刀刨内孔槽用(图中未画)。

7)样板刀刨成形面用。

8)宽刃刀精刨平面用。

(3)按刀具结构形式分。

1)整体刨刀。

由整块高速钢制成。

2)焊接式刨刀。

在碳素钢的刀杆上焊上高速钢或硬质合金刀片制成。

3)机械夹固式刨刀。

把刀片用螺钉、压板、楔块等紧固在刀杆上,一般称机夹刨刀。

4)可转位刨刀。

这是一种新型刀具。将可转位刀片用机械夹固的方式紧固在刀杆上制成的,如图2-4所示。当一个刀刃磨损后,将刀片旋转一个角度,使刀片上新的切削刃投入使用继续切削,直至所有的切削刃都磨损后才更换新的刀片。

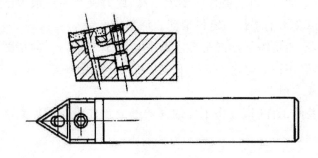

图 2-4 可转位刨刀

2.常用刨刀材料

刨刀的切削性能,除和几何参数有关以外,和刀具材料(指刀具的切削部分)关系更为密切。刀具材料是更具决定性的因素,因此,应当重视刀具材料的正确选择。

(1)高速钢。

高速钢的硬度、耐磨性、强度和韧性均好,磨出的切削刃较锋利,使用可靠,也便于磨刃。高速钢的产品有的制成刀条,有的制成刀片。前者可直接磨出几何参数使用,后者需要焊在刀杆上使用。

(2)硬质合金。

硬质合金有很高的硬度(80 HRC)和耐磨性,抗弯强度和韧性稍差于高速钢,但合理选择几何参数,这一缺陷可以克服。硬质合金的工艺性也很好,制造、刃磨都较方便。硬质合金的成品一般为刀片,将其夹固在或焊在刀杆上制成刨刀。在刨削生产中普遍用于精加工。

2.4.1.4　量具的选择

1.正六面体零件检验的内容和方法

工件的精度检验包括尺寸精度、形状精度和位置精度三种。尺寸精度的检验可用游标卡尺、内径千分尺、外径千分尺、量块等通用长度量具直接测量,而形状、位置精度的检验则有多种方法。

2.正六面体零件检验量具的选择

根据正六面体加工精度要求,选择游标卡尺、角尺、千分尺。

2.4.1.5　毛坯的选择

1.毛坯的种类

(1)铸件。

铸件适用于形状较复杂的零件毛坯。其铸造方法有砂型铸造、精密铸造、金属型铸造、压力铸造等。

(2)锻件。

锻件适用于强度要求高、形状比较简单的零件毛坯。其锻造方法有自由锻和模锻两种。

(3)型材。

型材有热轧和冷拉两种。热轧适用于尺寸较大、精度较低的毛坯;冷拉适用于尺寸较小、精度较高的毛坯。

(4)焊接件。

焊接件是根据需要将型材或钢板等焊接而成的毛坯件。

(5)冷冲压件。

冷冲压件毛坯可以非常接近成品要求,在小型机械、仪表、轻工电子产品方面应用广泛。

2.正六面体毛坯的选择

毛坯选择时应考虑以下因素:零件的材料及机械性能要求;零件的结构形状与外形尺寸;生产纲领的大小;现有生产条件;充分利用新工艺、新材料。

正六面体为小批生产,根据其形状结构及作用,毛坯选择铸件,采用材料为 HT200。

2.4.1.6　正六面体刨削工艺设计

为了保证零件加工质量,合理使用设备,便于安排热处理工序,使冷热加工工序配合得更好,以及有利于及早发现毛坯的缺陷(如铸件的砂眼气孔)等原因,一般对零件加工进行加工阶段划分,加工阶段可划分为:

(1)粗加工阶段。

主要任务是切除各表面上的大部分余量,其关键问题是提高生产率。

(2)半精加工阶段。

完成次要表面的加工,并为主要表面的精加工做准备。

(3)精加工阶段。

保证各主要表面达到图样要求,其主要问题是如何保证加工质量。

(4)光整加工阶段。

对于表面粗糙度要求很细和尺寸精度要求很高的表面,还需要进行光整加工阶段。

应当指出,加工阶段的划分不是绝对的,必须根据工件的加工精度要求和工件的刚性来决定。正六面体刨削可分为两个阶段。

确定正六面体的刨削方法:正六面体刨削可采用粗刨、精刨,选择合适的刨削用量。

制定正六面体加工工艺过程:粗刨第 1、2、3、4 面;精刨 1、2、3、4 面;粗、精刨 5 面;粗、精刨 6 面。

2.4.1.7　编制正六面体刨削工艺

1.正六面体刨削工艺

正六面体的刨削工步如下:

(1)粗刨第 1 面;

(2)粗刨第 2 面;

(3)粗刨第 3 面;

(4)粗刨第 4 面;

(5)精刨第 1 面;

(6)精刨第 2 面;

(7)精刨第 3 面;

(8)精刨第 4 面;

(9)粗、精刨第 5 面;

(10)粗、精刨第 6 面。

2.刨削用量的选择

(1)背吃刀量 ap 的选择。

粗刨时,一般加工余量较多,对工件的表面质量要求不高,在机床动力、机床、刀具及工件等刚度和强度许可的情况下,选择较大的背吃刀量,使加工余量用较少的粗加工次数切除,并留有恰当而均匀的精加工余量。一般牛头刨床加工的工件留精余量0.2～0.5 mm。

(2)进给量 f 的选择。

背吃刀量 ap 选定后,进给量 f 应尽量选取得大一些,但进给量 f 的大小受到机床和刀具的刚度、强度、工件精度和表面粗糙度要求等因素的限制。

粗刨平面时,由于工件表面粗糙度要求不高,在机床、工件、刀具强度和刚度足够的情况下,进给量选择大一些,以减少加工时间,一般取 $f=0.3～1.5$ mm/往复行程。通常采用试刨的方法,把进给量逐渐增大,使采用的进给量能充分利用机床功率。

精刨时,进给量应取小些,一般为 0.1～0.3 mm/往复行程。若采用宽刃平头刨刀精刨平面时,则进给量一般为主切削刃宽度的 2/3。

(3)切削速度的选择。

背吃刀量和进给量选定以后,切削速度应尽量选择大一些,但同时还要考虑刀具材料、工件材料、表面粗糙度和精度、切削液等因素,并不是越大越好,应做到既能发挥机床潜力,又能发挥刀具的切削能力,同时保证刀具的使用寿命和工件表面的加工质量。

2.4.2　实验方法

2.4.2.1　正六面体刨削操作步骤

1.操作前的检查、准备

(1)检查机床的调整。

(2)检查刨削余量的选择。

(3)工件装夹在平口钳上。

(4)调整工作台行程挡铁位置。

2.刨削步骤

(1)粗刨第 1 面。

工件装夹如图 2-5 所示,为保护钳口,可在固定钳口上垫铜皮。在钳身导轨上安放平行垫铁,将工件安放在平行垫铁上,夹紧并用锤子敲击工件,使工件贴紧平行垫铁。

安装尖头粗刨刀,调整滑枕行程长度(220～230 mm)和起始位置,调整每分钟往复行程次数为 64 次。将刨刀移动至工件上方,开动机床,用手动垂向进给使刨刀接触工件;停机,移动刨刀至工件一侧,摇动刀架手柄,根据刀架刻度环的刻线,垂向进给 3 mm后紧固刀架。调整进给量为 0.3～0.4 mm/往复行程。开动机床,先手动横向进给,试刨工件 1～1.5 mm,观察刨削是否正常。如无异常,即可机动横向进给粗刨第 1 面。

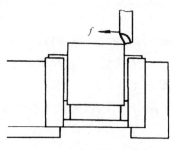

图 2-5　粗刨第 1 面

(2)粗刨第 2 面。

使第 1 面紧贴固定钳口,装夹方法同上,以刨削第 1 面的方法刨削第 2 面。

(3)粗刨第 3 面。

　　粗刨完第2面后,工件以第1面定位,使第2面紧贴固定钳口,用与粗刨第2面相同的方法粗刨第3面,每面留精刨余量0.5～0.8 mm,控制第3面与第1面的尺寸距离为201～201.6 mm。

　　(4)粗刨第4面。

　　粗刨完第3面后,以第2面定位放在平行垫铁上,使第1面紧贴固定钳口。刀架不要调整即可用同样方法刨削第4面,控制第2面与第4面的尺寸距离为201～201.6 mm。

　　(5)精刨第1面。

　　装夹方法与粗刨第1面相同,但不要用护钳口铜皮。装夹后,用锤子敲击工件,使工件紧贴平行垫铁。换装圆头精刨刀,调整每分钟往复行程次数为80次,进给量0.25～0.35 mm/往复行程。开动机床,用手动垂向进给使刨刀接触工件;停机,将刨刀移至工件一侧,根据刀架刻度盘刻线摇动刀架手柄,垂向进给0.5 mm后紧固刀架,精刨第1面。

　　(6)精刨第2面。

　　将已刨第1面紧靠在固定钳口上,以第4面定位放在平行垫铁上,可用垫纸的方法调整,保证固定钳口与滑枕运动方向垂直。对刀后,手动垂向进给0.5 mm,精刨第2面。精刨完后,卸下工件,用90°角尺检查第1面与第2面的垂直度误差。如有误差,用垫纸法调整后再次精刨第2面。

　　(7)精刨第3面。

　　装夹方法与粗刨相同,用手动垂向进给使刨刀接触工件,然后将刨刀移至工件一侧,根据刀架刻度盘刻线摇动刀架手柄,垂向进给0.3 mm,开动机床试刨第3面。刨完后,用游标深度尺测量工件,检查其余量及工件的平行度误差。如平行度误差合格,可根据所剩余量垂向进给,紧固刀架后,进行第2次精刨;如平行度误差超差,则需重新装夹调整后,再进行精刨。

　　(8)精刨第4面。

　　用精刨第3面的方法精刨第4面,保证第4面与第2面的尺寸距离为200±0.05 mm。

　　(9)粗、精刨第5面。

　　工件按图2-6所示装夹,将工件平放在平行垫铁上,用垫纸法调整固定钳口与滑枕运动方向垂直,将工件轻轻夹紧。然后把90°角尺放在平行垫铁上,找正工件两侧面与平行垫铁垂直,用软锤子轻轻敲击工件,使工件侧面与90°角尺窄测量面吻合,加力夹紧。工件夹紧后,不要再用锤子敲击工件,以防止工件位置变动。

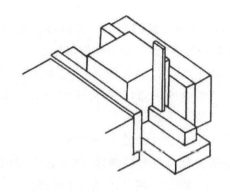 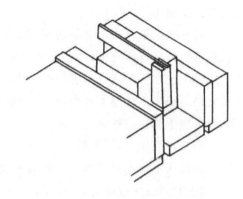

图 2-6　刨削正六面体两端面的装夹与找正　　　图 2-7　检验端面与两侧面的垂直度

调整机床每分钟往复行程次数为 64 次,进给量 0.3～0.4 mm/往复行程,手动垂向进给 3 mm。首先用尖头刨刀粗刨,粗刨后用 90°角尺测量端面与两侧面的垂直度误差(见图 2-7)。如垂直度误差超差,则需重新装夹,再将 90°角尺放在平行垫铁上,找正两侧面与平行垫铁垂直,夹紧后开动机床再进行第二次粗刨,背吃刀量约 0.5 mm。第二次粗刨完后再检验垂直度误差,合格后,换装圆头精刨刀,垂向进给 0.5 mm,精刨第 5 面。取每分钟往复行程次数为 80,进给量为 0.25～0.35 mm/往复行程。合格后卸下工件。

(10)粗、精刨第 6 面。

将工件翻转 180°装夹,注意清除杂物,保持清洁,粗刨第 6 面的方法与粗刨第 5 面相同。换装圆头刨刀精刨第 6 面时,要分两次进行,第一次试精刨,只刨去所剩精刨余量的一半。试精刨后仍用 90°角尺和游标深度尺进行测量,若垂直度误差合格,则可根据刀架刻度环刻线,按测出的精刨余量垂向进给,紧固刀架后进行精刨。

3.时间定额

要求在 90 min 内完成。

2.4.2.2　实施中的相关事项

安全、文明生产是现代化生产的需要,是保证企业生产顺利进行的必备条件,是保证企业生产合格产品的重要措施。

1.安全生产的基本要求

(1)操作前应穿好工作服,女工要戴好工作帽,长发或辫子应塞入工作帽内,不准戴手套工作。

(2)工件和刀具要装夹牢固。

(3)开机前,应检查机床各部分机构是否完好,检查各转动手柄、变速手柄位置是否正确,以防开机时突然撞击而损坏机床。开机后,应使机床低速运行 1～2 min,使润滑油渗入各需要位置,待机床运转正常后才能进行切削。

(4)工作时,操纵位置要正确,不能站在切屑飞出的方向察看工件,不得站在工作台的前面,防止工件落下伤人。

(5)开动机床时一定要前后照顾,避免机床碰伤人或损坏工件和设备。开动机床后,绝不允许擅自离开机床,若发现机床不正常或发生怪声,应立即停机检查。

(6)严禁在机床运行时进行齿轮变速、调整行程长度、清除切屑、测量工件等。

(7)不准用手触摸工件表面,也不准用手或用嘴吹清除切屑,应使用专门工具或刷子,以免把手割伤或被碎末迷眼。

(8)操作插床时,头不要伸进滑枕行程以内,以免发生严重工伤事故。

(9)机床电线不得裸露。一切刀开关、按钮必须有良好的绝缘,并要正确使用。电源突然中断或发生故障时,应先迅速停机,关闭电源开关,再及时找电工修理。

(10)用起重机装卸大型工件时,要检查吊钩钢丝绳是否完好,捆扎结实后再起吊,并要吊在中心,不能斜吊,以免工件落下伤人。在吊运过程中,工件离地面不要过高,一般应不超过 1 m。

(11)用过的油棉纱要收集到专用箱内,不准在工作地吸烟,也不准乱扔烟头,严防火灾事故。

2.文明生产的基本要求

(1)自觉遵守工艺纪律。在生产过程中,要严格按图样、工艺、操作规程进行操作。

(2)图样、工艺卡片应放置在便于观看的位置,注意保持图样,工艺卡片的清洁和完整。

(3)严禁在工作台上、平口钳上和横梁导轨上敲击和校直工件,也不准在工作台上堆放工具、量具和工件。

(4)工件在夹紧时不能有压痕。毛坯、半成品和成品应分类堆放,加工表面不能触地。

(5)工作时所用的工具、量具应整齐定位放在工具箱内,量具应与刀具隔离,重的工具放在下面,轻的放在上面,用后应擦净放回原处。

(6)下班前,应清除机床及周围场地上的切屑,擦净机床后,在规定的部位上涂润滑油。

(7)下班时,应将牛头刨床的工作台移到横梁的中间位置,并紧固工作台前端下面的支承柱,使滑枕停在床身的中间位置,机床的手柄应放在空挡位置,关闭电源。

2.4.2.3　正六面体刨削质量的检查

正六面体刨削质量的检查项目、要求及检验方法见表 2-1。

表 2-1　正六面体刨削质量检查项目、要求及方法

序号	检验内容	图纸要求	检验方法
1	尺寸精度	长度尺寸200±0.05	游标卡尺测量
2	形状、位置精度	相互平行度、垂直度公差为0.1	直角尺、深度游标卡尺
3	左、右端面表面粗糙度	Ra3.2 μm	目测

2.4.2.4　正六面体刨削质量的分析

刨平面时,会产生各种误差,甚至出现废品,产生的原因和预防方法见表 2-2。

表 2-2　刨平面时产生废品的原因和预防方法

废品种类	产生原因	预防方法
毛坯刨不到规定尺寸	(1)毛坯加工余量不够。	加工前必须检查毛坯是否有足够的加工余量。
	(2)毛坯外形有缺陷,如凹陷、砂眼夹砂或严重变形等。	加工前检查毛坯外形,不合格的毛坯予以剔除;毛坯变形严重应先矫正后加工。
	(3)工件装夹后没有找正。	应检验装夹后工件对机床的位置是否正确。
尺寸精度不合格	(1)看错图样、工艺,或在调整背吃刀量时,刻度盘使用不当。	加工前必须看清图样、工艺要求,调整背吃刀量时注意消除丝杆间隙并看清刻度。
	(2)刨削时盲目进刀,没有进行试切削。	根据加工余量仔细对刀,确定背吃刀量后,应进行试刨削,然后调整背吃刀量。
	(3)量具有误差或测量方法不正确。	应使用合格的量具,正确掌握测量方法。
表面粗糙度不合格	(1)切削用量选择不合理。	正确选择切削用量,精刨时 a_p、f、v 不能过大。
	(2)刀具几何角度不合理,刀具不锋利或刀具磨损。	为保持刀具锋利,应选择合理的几何角度,刀具磨损应及时刃磨。
平面上有小沟纹或微小台阶	(1)刀架丝杆与螺母间隙过大,刀架紧固螺钉来旋紧。	背吃刀量调整后,必须将刀架紧固螺钉旋紧。
	(2)拍板、滑枕等配合部分间隙过大(牛头刨床)。	调整拍板间隙调节螺母以及滑枕压板调节螺钉,使配合间隙适度。
	(3)精刨时中途停机。	精刨时不允许中途停机。
工件表面产生裂纹	(1)机床刚度不好,切削时产生振动。	检查机床工作台、滑枕、刀架等部分的压板、镶条以及机床底部安装螺钉是否松动;检查机床内部齿轮啮合是否良好。查出问题后进行适当调整。
	(2)工件装夹不合理或工件刚性差,切削时产生振动。	注意装夹方法,垫铁不能松动,工件悬空处应垫实,工件刚性薄弱处预先进行加强。
	(3)刀具几何角度不合理或刀杆伸出太长,加工时引起振动。	合理选用刀具几何角度,重新安装刨刀,缩短刀杆伸出长度。
平面上有小沟纹或微小台阶	(1)刀架丝杆与螺母间隙过大,刀架紧固螺钉来旋紧。	背吃刀量调整后,必须将刀架紧固螺钉旋紧。
	(2)拍板、滑枕等配合部分间隙过大(牛头刨床)。	调整拍板间隙调节螺母以及滑枕压板调节螺钉,使配合间隙适度。
	(3)精刨时中途停机。	精刨时不允许中途停机。

续表

废品种类	产生原因	预防方法
工件后端（开始切入的一端）形成倾斜倒棱面	(1)拍板、滑枕(牛头刨床)、刀架滑板(龙门刨床)等配合部分间隙过大,刀架紧固螺钉未旋紧。	调整各配合间隙,检查各配合部分的压板是否松动,刨削时必须旋紧刀架紧固螺钉。
	(2)刀架丝杆上端轴颈的螺母松动,背向力使刨刀向上顶起。镶条与导轨配合间隙过大。	刨削前检查丝杆螺母是否松动和刀架镶条与导轨间隙是否过大,并适当调整。
	(3)背吃刀量过大。	余量较多的情况下,可分多次刨削。
	(4)刨刀主偏角坼和前角扎过小,背向力增大。	合理选择主偏角坼和前角圪,特别是机床功率。刚度较差的机床,刨刀的主偏角及前角不宜过小。
平面局部有凹陷现象	(1)大齿轮上的曲柄丝杆一端螺母松动。机床运转时,丝杆轴向窜动,滑枕在切削过程中有瞬时停止不前的现象,使刨刀下沉而刨深,从而在平面上形成凹陷现象。	刨削时,注意机床运转时的声响,如果听到"咯吱、咯吱"的声音,说明螺母已松动,应立即停机,打开床身盖板,将螺母旋紧。
	(2)刨削肘,刀具在工件平面上突然停机。	不允许刀具在刨削过程中停机。
	(3)工件毛坯上有浇冒口等凸起部分,刨削时,刨刀在凸起部分承受的切削力突然增大,引起刀杆弹性变形而产生"扎刀"现象,造成平面凹陷。	应分粗、精刨、如毛坯平面不平整,粗刨时应分两次或多次进行,使精刨余量均匀一致,保证平面的精度。
平面度不合格	(1)工件装夹不当,夹紧时产生弹性变形。	装夹时注意方法,工件必须垫实,精刨时应将工件的夹紧力稍稍放松,使工件的弹性变形得以恢复。
	(2)加工薄型零件时,由于刀具几何角度不合理、切削用量过大而产生较大的切削力和切削热,将工件顶弯或产生弯曲变形。	采用合理的几何角度,力求减少切削力,减小切削用量,必要时加注切削液,使热变形降低到最低程度。

2.4.3 实验评价

2.4.3.1 工艺设计与加工过程的优化

1.工艺设计的优化

为提高零件加工质量和生产效率,降低生产成本和管理成本,应对工艺设计内容进行改进优化设计,包括工艺装备的选择、工艺参数的选择等。

2.加工过程的优化

通过正六面体刨削加工的实施,对其加工过程可进行多方案探讨,进一步优化。

2.4.3.2 学习效果的评价

1.基本知识技能水平的评价

(1)方案设计能力的评价。

(2)任务完成情况的评价。

(3)团队合作能力的评价。

(4)工作态度的评价。

(5)项目完成情况的演示评价。

2.评价方式

(1)成果评定。

根据零件的图纸技术要求评定成绩,占比 60%。

(2)操作者自评。

对实际操作过程进行自评,给出相应的分值,占比 15%。

(3)教师评价。

根据对本情景学习者的考勤、学习态度、协作精神、敬业勤业和职业道德等给分值;根据任务进行过程中的各个环节及结果给出一个分值。综合以上评价,占比 25%。

第 3 章 流体管路拆装实训

3.1 管路拆装基本知识

流体是指具有流动性的物体,一般包括液体和气体。在化工、制药及食品、生物制品生产过程中所处理的原料、半成品和产品大多数是流体。为将这些流体原料、半成品制成产品,常常需要将其从一个设备输送到另一个设备,并使流体在设备中保持最适宜的流动条件,或者从一个车间输送到另一个车间,使这些流体物料能参与生产过程的加热、冷却、沉降、过滤、离心分离等加工过程,保证生产的顺利进行。因此,流体输送是化工等过程工业生产过程的一个基本操作,也是加工过程的基础,流体输送通常都是在管路中进行的,化工管路拆装是化工生产技术人员必须具备的基本技能之一。

3.1.1 阀门

阀门在管路中主要起截止、调节、止逆、安全等作用。阀门通常是由铸铁、铸钢、不锈钢或合金钢等制成,有些阀门的阀芯与阀座由同一种材料制成。

阀门的分类很多,有多种分法。按作用可分为截止阀(图 3-1)、闸阀(图 3-2)、调节阀、止逆阀、安全阀、减压阀等。按照启闭方法可分为他动阀和自动阀。

图 3-1　截止阀　　　　　　　　　　图 3-2　闸阀

(1)截止阀:截止阀主要是由阀盘、阀座、阀体、阀杆、阀盖、手轮等组成,阀体一般是由铸铁制造,阀盘和阀座是由青铜、黄铜或不锈钢制造,两者研磨配合。通过转动手轮使阀杆上下移动,改变阀座与阀盘之间的距离,从而达到开启、调节流量及截止的目的。截止阀的特点是维修方便,可以准确地调节流量,启闭慢而无水锤现象,对流体的阻力大,所以截止阀应用十分广泛。

注意截止阀的安装具有方向性。安装截止阀时,应使流体从阀盘的下部向上流动,即下进上出,防止较高压力时难以将阀打开,同时也可以减小阀在关闭情况下流体对阀的腐蚀。

(2)闸阀:闸阀由阀座、闸板、阀体、阀杆、阀盖、手轮等组成。通过转动手轮使阀杆上下升降,改变闸板与阀盘之间的高度,从而达到启闭与调节流量的目的。根据阀杆的动作还可以分为明杆式和暗杆式。

闸阀的特点是密封性好、阻力小,一定程度上可以调节流量,但闸阀形体较大,造价较高,维修困难。闸阀常用于开启和切断,尤其是较大管径的管路,一般不用来调节流量,不宜用于蒸气、含固体颗粒和有腐蚀性的介质。

3.1.2　离心泵

在工业生产和国民经济的许多领域,常需对液体进行输送或加压,能完成此类任务的机械称为泵。而其中靠离心作用的泵叫离心泵。由于离心泵具有结构简单、性能稳定、检修方便、操作容易和适应性强等特点,在化工生产中应用十分广泛,据统计超过液体输送设备的 80%。所以,离心泵的操作是化工生产中的最基本的操作。

离心泵由吸入管、排出管和泵体三部分组成。泵体部分又分为转动部分和固定部分。转动部分由电机带动旋转,将能量传递给被输送,主要包括叶轮和泵轴。固定部分包括泵壳、导轮、密封装置等。叶轮是离心泵中使液体接受外加能量的部件。泵轴的作用是把电动机的能量传递给叶轮。泵壳是通道截面积逐渐扩大的蜗形壳体,它将液体限定在一定的空间里,并将液体大部分动能转化为静压能。导轮是一组与叶轮旋转方向相适应,且固定于泵壳上的叶片。密封装置的作用是防止液体的泄漏或防止空气倒吸入泵内。

启动灌满了被输送液体的离心泵后,在电机的作用下,泵轴带动叶轮一起旋转,叶轮的叶片推动其间的液体转动,在离心力的作用下,液体被甩向叶轮边缘并获得动能;在导轮的引领下沿流通截面积逐渐扩大的泵壳流向排出管,液体流速逐渐降低,而静压能增大。排出管的增压液体经管路即可送往目的地。与此同时,叶轮中心因为液体被甩出而形成一定的真空,因贮槽液面上方压强大于叶轮中心处,在压力差的作用下,液体不断从吸入管进入泵内,以填补被排出的液体位置。因此,只要叶轮不断旋转,液体便不断地被吸入和排出。由此,离心泵之所以能输送液体,主要是依靠高速旋转的叶轮。

离心泵的操作中有两种不正常现象应当避免:气缚和气蚀。

气缚是指在启动泵前泵内没有灌满被输送的液体,或在运转过程中泵内渗入了空气,因为气体的密度小于液体,产生的离心力小,无法把空气甩出去,导致叶轮中心所形成的真空度不足以将液体吸入泵内,尽管此时叶轮在不停地旋转,却由于离心泵失去了自吸能力而无法输送液体,这种现象称为气缚。

气蚀是指当贮槽液面的压力一定时,如叶轮中心的压力降低到等于被输送液体当前温度下的饱和蒸气压时,叶轮进口处的液体会出现大量的气泡,这些气泡随液体进入高压区后又迅速被压碎而凝结,致使气泡所在空间形成真空,周围的液体质点以极大的速度冲向气泡中心,造成瞬间冲击压力,从而使得叶轮部分很快损坏,同时伴有泵体震动,发出噪音,泵的流量、扬程和效率明显下降。这种现象叫气蚀。

3.1.3　管路连接方式

管路的连接是根据相关标准和图纸要求,将管子与管子或管子与管件、阀门等连接起来,以形成严密整体从而达到使用目的。

管路的连接方法有多种,化工管路中最常见的有螺纹连接和法兰连接。螺纹连接主要适用于镀锌焊接钢管的连接,它是通过管子上的外螺纹和管件上的内螺纹拧在一起而实现的。管螺纹有圆锥管螺纹和圆柱管螺纹两种,管道多采用圆锥形外螺纹,管箍、阀件、管件等多采用圆柱形内螺纹。此外,管螺纹连接时,一般要生料带等作为填料。法兰连接是通过连接法兰及紧固螺栓、螺母、压紧法兰中间的垫片而使管道连接起来的一种方法,具有强度高、密封性能好、适用范围广、拆卸安装方便的特点。通常情况下,采暖、煤气、中低压工业管道常采用非金属垫片,而在高温高压和化工管道上常使用金属垫片。

法兰连接的一般规定:

(1)安装前应对法兰、螺栓、垫片进行外观、尺寸材质等检查。

(2)法兰与管子组装前应对管子端面进行检查。

(3)法兰与管子组装时应检查法兰的垂直度。

(4)法兰与法兰对接连接时,密封面应保持平行。

(5)为便于安装、拆卸法兰、紧固螺栓,法兰平面距支架和墙面的距离不应小于200 mm。

(6)工作温度高于100 ℃的管道的螺栓应涂一层石墨粉和机油的调和物,以便日后拆卸。

(7)拧紧螺栓时应对称成十字交叉进行,以保障垫片各处受力均匀;拧紧后的螺栓露出丝扣的长度不应大于螺栓直径的一半,并不应小于2 mm。

(8)法兰连接好后,应进行试压,发现渗漏,需要更换垫片。

(9)当法兰连接的管道需要封堵时,则采用法兰盖;法兰盖的类型、结构、尺寸及材料应和所配用的法兰一致。

(10)法兰连接不严,要及时找出原因进行处理。

3.2 管路拆装实训

3.2.1 实训目的

化工管路拆装实训涉及到《化工设备》《化工原理》《化工工艺》《化工仪表》《化工设计》等多门化工专业核心课程,化工管路拆装是化工类专业学生实践实训的重要科目之一。

管路拆装装置通常是由水泵、水箱为主体,配套有管子、管件、阀门、测量仪表(液位计、流量计、温度计、压力表)等组成。

通过实训,学生将理论知识转化为实际操作技能,掌握化工管路拆装的技巧、技术要求,理解化工管路的材质、规格及其在化工生产中的重要作用,培养自己的工程观念和综合应用能力。

3.2.2 实训任务

3.2.2.1 任务一:认识化工管路拆装装置

通过观察和指导教师讲解,结合《化工原理》及相关课程的知识,在实训过程与指导教师互动,口头完成课堂问题应答并课后整理出来,作为本次实训的考核成绩。

问题:

(1)流体输送设备除离心泵外,还有哪些类型?流体输送设备的功能是什么?本装置离心泵的安装流程特点是什么?

(2)本装置的管路采用的不锈钢材质是什么?不同尺寸的管材的管径和壁厚又是什么差异?

(3)本装置采用了哪些种类的管件?不同种类管件的用途是什么?

(4)本装置有几类管路器件?结合专业知识熟悉它们的类型、用途、使用场所、拆装方法等。

(5)了解本装置的管材连接方式,找出分别采用螺纹连接、焊接、承插式连接、法兰连接的位置,各种连接方式的特点、应用场合。

(6)了解各种拆装工具的正确使用方法及摆放。

(7)了解压力的调节及控制方式、流量的测量及控制方法。

(8)了解阀门的工作原理、选用原则,选用合适的工具拆装阀门。

(9)了解装置的试压、试水操作方法。

3.2.2.2　任务二:实训操作训练

(1)准备工作:实训操作前熟悉实验装置的操作规程,检查所有设备、阀门、仪表的状态。

(2)实训内容。

1)管路的拆卸与检查:

①拆卸顺序正确;②记录与检查项目齐全;③工具使用正确、合理;④零部件摆放整齐;⑤工具摆放整齐、干净。

2)管路的安装:

①装配工序正确;②工具使用正确;③整机装配结束的试压、试水检查验收。

3)开停车操作:

①离心泵油位检查;②盘车与灌水;③阀门开闭检查;④开停车用电安全。

4)设备运行检查:

①测量仪表的运行状态;②径向振动分析及排查;③管路气体排查;④噪声分析与排查。

(3)管路拆装注意事项。

管路拆卸顺序一般是从上到下,管路组装顺序一般是从下到上,拆卸过程中不得损坏管件和仪表。拆下的管子、管件、阀门和仪表要归类放好。

操作中,安装工具使用合适、恰当。法兰安装中要做到对得正、不反口、不错口、不张口。安装和拆卸过程中注意安全防护,不出现安全事故。

法兰紧固前要将法兰密封面清理干净,其表面不得有沟纹;垫片要完好、不得有裂纹,大小要合适,不得用双层垫片,垫片的位置要放正;法兰与法兰的对接要正、要同心;紧固螺丝时按对称位置的顺序拧紧,紧好后两头螺栓应露出 2~4 扣;活接头的连接特别要注意垫圈的放置;螺纹连接时,要注意生料带的缠绕方向与圈数。

阀门安装前要清理干净,将阀门关闭后再进行安装;截止阀、单向阀安装时要注意方向性;转子流量计的安装要垂直,防止破坏。

水压试验时,试验的压力取操作压力的 1.25 倍,维持 5 min 不漏为合格。要注意缓慢升压。

3.2.3　考核方法及细则

考核方法及细则详细见表 3-1。

表 3-1　考核方法及细则

项目	技术要求	规范步骤		分值
1.管路拆卸（70分）	按照正确顺序拆卸泵进口管路至各系统根部,一般是由上至下,自简单点开始等方式进行拆卸	(1)绘制管路工艺流程图		5
		(2)将系统电源切断	①打开放空阀	5
			②将换热器及管路内的积液排空	
		(3)拆卸仪表	①首先拆掉易损仪表	5
			②仪表摆放位置合理、安全	5
			③拆卸避免法兰表面磕碰敲击	5
		(4)管路拆卸	①自上而下拆卸	5
			②对拆卸后的管子、管件编号,方便分类	10
			③拆卸过程注意支撑架的使用	5
			④连接螺丝与螺母合对并摆放科学、合理	5
		(5)检查拆卸后的阀门密封垫片是否完好	①密封面完好的阀门得清洗干净	5
			②破损阀门密封垫片正确更换	5
		(6)拆卸工具使用	①选用正确	3
			②使用正确	3
			③用后摆放正确	2
			④避免与液体接触,保持干燥	2

续表

项目	技术要求	规范步骤		分值
2.管路安装（50分）	安装正确顺序安装,首先安装水泵根部管件,依据由下而上的原则安装,注意管件的安装方向,简单管件和测量仪表最后安装	(1)安装前读懂管路工艺流程图或机械视图		5
		(2)安装时要按照一定的顺序进行,防止漏装或错装	①阀门,流量计的液体流向	2
			②活接、法兰的密封	3
			③压力表的量程选择	10
		(3)安装后对系统进行开车检查	①对照工艺流程图或机械图进行检查,确保安装无误	10
			②先将水箱注入一定液位高度的水后,用水泵进行管路试压实验(试压力加到0.4 MPa,要求压力在5分钟内下降不超过0.1 MPa)	10
			③通过查看泵的运行及转子流量计的状态检查管路系统的运行是否正常	5
			④检查各种检测仪表是否正常工作显示。	5
3.安全防护（30分）	整个实训过程中将个人防护和设备安全放在首位,熟悉检测仪表在安全上的作用,避免事故发生	(1)拆装过程手套、护目镜等个人防护用品会正确使用		10
		(2)完成试验后停车,熟悉总电源和分电源开关并按操作规程切断电源		5
		(3)设备配有压力、温度等测量表,一旦出现异常情况,能对相关设备及时停车并进行集中监视和适当处理		5
		(4)所使用的工具归类摆放整齐		2
		(5)将水箱中剩余的液体、管路积液全部排空		2
		(6)保持实训环境的整洁,清理室内卫生,关掉总电源		3
		(7)熟悉各种消防器材的使用		3

第 4 章　洗洁精生产操作实训

4.1　概述

精细化学品是化工行业的重要组成部分,洗涤剂是精细化工产品的典型代表,是用于清洗而专门配制的精细化学品产品,以去污为目的而设计复配的制品。它以一种或数种表面活性剂为主要成分,并配入各种助剂,以提高与完善去污洗净能力;主要组分通常由表面活性剂、助洗剂和添加剂等组成。洗涤剂的种类很多,按照去除污垢的类型,可分为重垢型洗涤剂和轻垢型洗涤剂;按照产品的外形可分为粉状、块状、膏状、浆状和液体等多种形态。洗洁精是日常生活中广泛使用的洗涤剂,其生产方法代表了化工生产的一个重要类型,本章以洗洁精生产实训为例学习这类精细化学品的生产过程。

4.2　洗洁精生产实训

4.2.1　洗洁精实训过程

制备洗洁精的过程,可简单分为制备去离子水和制备洗洁精两个步骤。

制备去离子水步骤可简述为:原水→石英砂→活性炭→精密过滤→软化水溶液→反渗透膜(RO 膜)→流量计→纯水。

制备洗洁精步骤可简述为:纯水与原料→反应釜→成品罐→灌装机。

详细生产过程如下:

(1)使用去离子水处理设备,制备 100～120 kg 去离子水,然后将水注入反应釜。

(2)反应釜夹套加热设置为 40 ℃左右。

(3)按产品技术配方,从反应釜加料口依次加入原料。

(4)进行恒温搅拌,乳化等过程,其间打开反应釜的内循环系统,将由于乳化不完全沉入反应釜底部的原料,使用机械泵重新注入液面上部,使其乳化均匀。

由于设备排料口球阀处易出现死角,同样易使产品乳化不均匀,故应在全部原料加完且运转 5 分钟后,打开反应釜底部的排料阀,排出适量的产品,再从反应釜加料口加入,至排出的产品完全乳化均匀为止。

(5)调节 pH 至 8～10。

(6)产品乳化均匀且 pH 调节完成,打开反应釜的外循环系统,将产品排入成品罐中。

(7)使用灌装机进行灌装。

4.2.2　洗洁精实训配方及制备所需达到指标

在本实训中,所使用的无磺酸国标洗洁精配方如表 4-1 所示。

表 4-1　无磺酸国标洗洁精配方

原料名称	用量(%)	主要作用
去离子水	加至 100	溶剂
Fd998	0.1	螯合剂
EDTA	0.2	螯合剂
柠檬酸	3～5	调节 pH
AES	18	去污、发泡
OP-10	2	乳化
6501	1.5	稳泡、增稠
片碱	适量	调节 pH
凯松	0.1	防腐剂
食盐	适量	增稠剂
香精	0.15	增加香味

注:(1)各组分原料用量要求准确,操作规范;
(2)本产品为国标,pH 为 8～10。

在实训过程中,制备洗洁精所需达到的感官指标及理化指标如表 4-2 所示。

表 4-2　制备洗洁精所需达到的感官指标及理化指标

指标名称		
感官指标	外观	无杂质
	色泽	透明
	香气	柠檬香
理化指标	pH	8～10

4.2.3　注意事项

(1)非专业工作人员不可接触和操作设备,以免发生安全事故。

（2）设备运行时，手和工具不得进入加料口内。

（3）长时间设备停止生产，设备中各阀门应排出内存物料后敞开，避免产生锈斑。

（4）避免强酸、强碱物料直接接触该设备，若需使用，需按技术配方及技术要求实施。

（5）严禁带电维修设备。

（6）生产前，反应釜夹套内应注满导热油或水至观察孔位置，否则，易因缺水烧坏发热管。

（7）各设备配件损坏后，应由专业人员更换。

4.2.4　洗洁精实训记录考试评分表

洗洁精实训记录考试评分内容见表 4-3。

表 4-3　洗洁精实训记录考试评分表

项目	考核内容	记录	评分要求	分值	得分
一、开机前检查与准备工作（8分）	（1）开启相关电源开关，检查各仪表及通电指示灯是否正常		检查结果向监考口述，少检查一项扣1分	2	
	（2）检查原水箱中是否有足够的水		未检查扣1分	1	
	（3）检查各进水与排水的阀门是否处于正常状态		少检查一项扣1分，错误一处扣1分，扣完为止	2	
	（4）检查反应釜夹套液位是否处于正常状态		从观察窗观察液位是否正常，未观察则扣分	1	
	（5）检查与反应釜相通的阀门是否处于正常状态		外循环阀门关闭，内循环阀门开启，错误则扣分	2	
二、纯水制备输送过程（12分）	（6）开启制备纯水装置。在制备过程中，注意观察纯水电导率是否达到要求		正常开启则给分，未正常开启则酌情扣分	4	
	（7）将制备好的纯水按要求用量加入反应釜		按照要求设定进水时间，并正常向反应釜内加水，可给分，否则酌情扣分，扣完为止	8	

项目	考核内容	记录	评分要求	分值	得分
三、投料过程（30分）	(8)按照实验要求顺序向反应釜内加入物料		按照要求称量相应的物料,并正确加入反应釜内,错误一处扣2分,扣完为止	20	
	(9)根据要求记录相应物料数据		根据称量的物料质量记录数据,记录错误即扣分,扣完为止	10	
四、反应过程（45分）	(10)开启搅拌,乳化切割装置		开关开启错误一处扣2分。	5	
	(11)物料搅拌过程中,确保设备能够正常运转		在物料搅拌时,不得离开反应釜,观察设备是否正常运行,操作错误则扣分,扣完为止。	5	
	(12)待物料反应一段时间后,于取样口处取样,测试成品pH值大小		pH低于8,则加碱,pH高于10,则加酸,直到pH处于8~10之间,操作错误则扣分,扣完为止。	15	
	(13)开启循环泵,将成品送入成品罐		打开外循环阀门,关闭内循环阀门,开启循环泵,将成品正常送入成品罐,操作错误扣分,扣完为止。	15	
	(14)操作结束后,将装置恢复原样		关闭相应的开关、阀门,操作错误扣分,扣完为止。	5	
五、文明安全操作（5分）	(15)操作小组团结协作、服从管理、文明安全等综合评价。		不符合其中一项扣2分,扣完为止。	5	
操作成绩					

4.2.6 思考题

(1)简述洗洁精生产原料纯水的制备过程。

(2)简述纯水制备过程中反渗透膜的过滤原理。

第 5 章　化工工艺仿真实训

5.1 概述

随着化工企业生产规模的日益扩大,设备趋于复杂化、高度密集化、控制自动化;同时,化工生产过程存在高温高压、易燃易爆、有毒有害等高危险性。而在化工实验教学中很难达到实际化工企业的规模和效果,在一定程度上降低了实际教学效能,影响了创新型人才的培养。因此,对于化工学科来说,虚拟仿真技术的建设则更为重要和紧迫。尤其是近几年国家强化对安全生产方面的管理与监控,企业出于安全性考量,要求学生不准动、不准碰,不准"越雷池一步",更加限制了学生在生产现场实习的时间与空间范围,导致学生实习的参与度低,学习积极性低,实习效果差。以上在实践教学过程中出现的问题,与教育部提出的"六卓越一拔尖""新工科建设"等要求严重脱节。而通过虚拟仿真技术可以解决当前高等工程培养中实践、实训教学的难题,解决学生动手能力不足的一个短板问题。因此,使用东方仿真单元操作系统及聚氯乙烯 3D 虚拟仿真实训系统,具有综合性、系统性、安全性、经济性,能给学生提供全面的技能训练、完善的知识体系、开阔的学科视野、完备的综合能力。东方仿真单元操作系统对各个单元操作进行仿真模拟,聚氯乙烯工艺 3D 虚拟仿真实训系统以悬浮聚合法生产聚氯乙烯过程为原型,对生产工艺过程、动态操作、检测执行装置及集散控制系统(DCS)控制系统进行仿真模拟,学生可以在 DCS 中进行开停车,参数调节及故障处理训练,满足了工科学生实习实训的要求。

5.2　东方仿真单元操作

5.2.1　离心泵单元操作

5.2.1.1　工艺流程说明

(1)离心泵工作原理基础。

在工业生产和国民经济的许多领域,常需对液体进行输送或加压,能完成此类任务的机械称为泵。而其中靠离心作用的叫离心泵。由于离心泵具有结构简单、性能稳定、检修方便、操作容易和适应性强等特点,其在化工生产中应用十分广泛,据统计超过液体输送设备的80%。所以,离心泵的操作是化工生产中的最基本的操作。

离心泵由吸入管、排出管和离心泵主体组成。离心泵主体分为转动部分和固定部分。转动部分由电机带动旋转,将能量传递给被输送的部分,主要包括叶轮和泵轴。固定部分包括泵壳、导轮、密封装置等。叶轮是离心泵中使液体接受外加能量的部件。泵轴的作用是把电动机的能量传递给叶轮。泵壳是通道截面积逐渐扩大的蜗形壳体,它将液体限定在一定的空间里,并将液体大部分动能转化为静压能。导轮是一组与叶轮旋转方向相适应,且固定于泵壳上的叶片。密封装置的作用是防止液体的泄漏或空气倒吸入泵内。

启动灌满了被输送液体的离心泵后,在电机的作用下,泵轴带动叶轮一起旋转,叶轮的叶片推动其间的液体转动,在离心力的作用下,液体被甩向叶轮边缘并获得动能;在导轮的引领下沿流通截面积逐渐扩大的泵壳流向排出管,液体流速逐渐降低,而静压能增大。排出管的增压液体经管路即可送往目的地。与此同时,叶轮中心因为液体被甩出而形成一定的真空,因贮槽液面上方压强大于叶轮中心处,在压力差的作用下,液体不断从吸入管进入泵内,以填补被排出的液体位置。因此,只要叶轮不断旋转,液体便不断地被吸入和排出。由此,离心泵之所以能输送液体,主要是依靠高速旋转的叶轮。

离心泵的操作中有两种现象应当避免:气缚和气蚀。

气缚是指在启动泵前泵内没有灌满被输送的液体,或在运转过程中泵内渗入了空气,因为气体的密度小于液体,产生的离心力小,无法把空气甩出去,导致叶轮中心所形成的真空度不足以将液体吸入泵内,尽管此时叶轮在不停地旋转,却由于离心泵失去了自吸能力而无法输送液体,这种现象称为气缚。

气蚀是指当贮槽叶面的压力一定时,如叶轮中心的压力降低到等于被输送液体当前温度下的饱和蒸气压时,叶轮进口处的液体会出现大量的气泡,这些气泡随液体进入高压区后又迅速被压碎而凝结,致使气泡所在空间形成真空,周围的液体质点以极大的速度冲向气泡中心,造成瞬间冲击压力,从而使得叶轮部分很快损坏,同时伴有泵体震动,发出噪音。泵的流量,扬程和效率明显下降。这种现象叫气蚀。

（2）工艺流程简介。

离心泵是化工生产过程中输送液体的常用设备之一,其工作原理是靠离心泵内外压差不断地吸入液体,靠叶轮的高速旋转使液体获得动能,靠扩压管或导叶将动能转化为压力,从而达到输送液体的目的。

本工艺为单独培训离心泵而设计,其工艺流程如下:

来自某一设备约 40 ℃的带压液体经调节阀 LV101 进入带压罐 V101,罐液位由液位控制器 LIC101 通过调节 V101 的进料量来控制;罐内压力由 PIC101 分程控制,PV101A、PV101B 分别调节进入 V101 和出 V101 的氮气量,从而保持罐压恒定在 5.0 atm(表)。罐内液体由泵 P101A/B 抽出,泵出口流量在流量调节器 FIC101 的控制下输送到其他设备。

（3）控制方案。

V101 的压力由调节器 PIC101 分程控制,本单元现场图中现场阀旁边的实心红色圆点代表高点排气和低点排液的指示标志,当完成高点排气和低点排液时,实心红色圆点变为绿色。此标志在换热器单元的现场图中也有。

（4）设备一览。

V101:离心泵前罐;

P101A:离心泵 A;

P101B:离心泵 B(备用泵)。

5.2.1.2　离心泵单元操作规程

1.开车操作规程

本操作规程仅供参考,详细操作以评分系统为准。

（1）准备工作。

（2）盘车。

（3）核对吸入条件。

（4）调整填料或机械密封装置。

（5）罐 V101 充液、充压。

①向罐 V101 充液:打开 LIC101 调节阀,开度约为 30％,向 V101 罐充液;当 LIC101 达到 50％时,LIC101 设定 50％,投自动。

②罐 V101 充压:待 V101 罐液位＞5％后,缓慢打开分程压力调节阀 PV101A 向 V101 罐充压。当压力升高到 5.0 atm 时,PIC101 设定 5.0 atm,投自动。

（6）启动泵前准备工作:

①灌泵:待 V101 罐充压充到正常值 5.0 atm 后,打开 P101A 泵入口阀 VD01,向离心泵充液。观察 VD01 出口标志变为绿色后,说明灌泵完毕。

②排气:打开 P101A 泵后排气阀 VD03 排放泵内不凝性气体。观察 P101A 泵后排

空阀 VD03 的出口,当有液体溢出时,显示标志变为绿色,标志着 P101A 泵已无不凝气体,关闭 P101A 泵后排空阀 VD03,启动离心泵前的准备工作已就绪。

(7)启动离心泵:启动离心泵,然后启动 P101A(或 B)泵。

(8)流体输送:

①待 PI102 指标比入口压力大 1.5~2.0 倍后,打开 P101A 泵出口阀(VD04)。

②将 FIC101 调节阀的前阀、后阀打开。③逐渐开大调节阀 FIC101 的开度,使 PI101、PI102 趋于正常值;

(9)调整操作参数:微调 FV101 调节阀,在测量值与给定值相对误差 5% 范围内且较稳定时,FIC101 设定到正常值,投自动。

2.正常操作规程

正常工况操作参数:

P101A 泵出口压力 PI102:12.0 atm;

V101 罐液位 LIC101:50.0%;

V101 罐内压力 PIC101:5.0 atm;

泵出口流量 FIC101:20 000 kg/h。

负荷调整:

可任意改变泵、按键的开关状态,手操阀的开度及液位调节阀、流量调节阀、分程压力调节阀的开度,观察其现象;

P101A 泵功率正常值:15 kW;

FIC101 量程正常值:20 t/h。

3.停车操作规程

本操作规程仅供参考,详细操作以评分系统为准。

(1)V101 罐停进料:

LIC101 置手动,并手动关闭调节阀 LV101,停 V101 罐进料。

(2)停泵:

待罐 V101 液位小于 10% 时,关闭 P101A(或 B)泵的出口阀(VD04);

停 P101A 泵;

关闭 P101A 泵前阀 VD01;

FIC101 置手动并关闭调节阀 FV101 及其前、后阀(VB03、VB04)。

(3)泵 P101A 泄液:

打开泵 P101A 泄液阀 VD02,观察 P101A 泵泄液阀 VD02 的出口,当不再有液体泄出时,显示标志变为红色,关闭 P101A 泵泄液阀 VD02。

(4)V101 罐泄压、泄液:

待罐 V101 液位小于 10% 时,打开 V101 罐泄液阀 VD10;

待 V101 罐液位小于 5% 时,打开 PIC101 泄压阀;

观察 V101 罐泄液阀 VD10 的出口,当不再有液体泄出时,显示标志变为红色,待罐 V101 液体排净后,关闭泄液阀 VD10。

4.仪表及报警一览表

表 5-1　仪表及报警一览表

位　号	说　　明	类型	正常值	量程上限	量程下限	工程单位	高报	低报	高高报	低低报
FIC101	离心泵出口流量	PID	20 000.0	40 000.0	0.0	kg/h				
LIC101	V101 液位控制系统	PID	50.0	100.0	0.0	%	80.0	20.0		
PIC101	V101 压力控制系统	PID	5.0	10.0	0.0	atm(G)		2.0		
PI101	泵 P101A 入口压力	AI	4.0	20.0	0.0	atm(G)				
PI102	泵 P101A 出口压力	AI	12.0	30.0	0.0	atm(G)	13.0			
PI103	泵 P101B 入口压力	AI		20.0	0.0	atm(G)				
PI104	泵 P101B 出口压力	AI		30.0	0.0	atm(G)	13.0			
TI101	进料温度	AI	50.0	100.0	0.0	DEG C				

5.2.1.3　事故设置一览

下列事故处理操作仅供参考,详细操作以评分系统为准。

(1)P101A 泵坏操作规程。

事故现象:P101A 泵出口压力急剧下降;FIC101 流量急剧减小。

处理方法:切换到备用泵 P101B;全开 P101B 泵入口阀 VD05、向泵 P101B 灌液,全开排空阀 VD07 排 P101B 的不凝气,当显示标志为绿色后,关闭 VD07。

灌泵和排气结束后,启动 P101B。

待泵 P101B 出口压力升至入口压力的 1.5~2 倍后,打开 P101B 出口阀 VD08,同时缓慢关闭 P101A 出口阀 VD04,以尽量减少流量波动。

待 P101B 进出口压力指示正常,按停泵顺序停止 P101A 运转,关闭泵 P101A 入口阀 VD01,并通知维修工。

(2)调节阀 FV101 阀卡操作规程。

事故现象:FIC101 的液体流量不可调节。

处理方法:打开 FV101 的旁通阀 VD09,调节流量使其达到正常值;手动关闭调节阀 FV101 及其后阀 VB04、前阀 VB03;通知维修部门。

(3)P101A 入口管线堵操作规程。

事故现象:P101A 泵入口、出口压力急剧下降;FIC101 流量急剧减小到零。

处理方法:按泵的切换步骤切换到备用泵 P101B,并通知维修部门进行维修。

(4)P101A 泵气蚀操作规程。

事故现象:P101A 泵入口、出口压力上下波动;P101A 泵出口流量波动(大部分时间达不到正常值)。

处理方法:按泵的切换步骤切换到备用泵 P101B。

(5)P101A 泵气缚操作规程。

事故现象:P101A 泵入口、出口压力急剧下降;FIC101 流量急剧减少。

处理方法:按泵的切换步骤切换到备用泵 P101B。

5.2.1.4　仿真界面

图 5-1、图 5-2 分别为离心泵 DCS 界面和离心泵现场图界面。

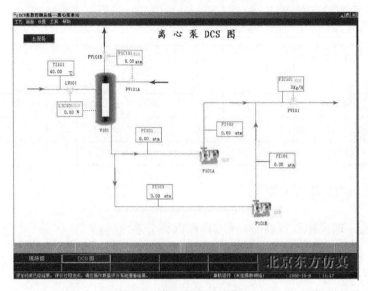

图 5-1　离心泵 DCS 图界面

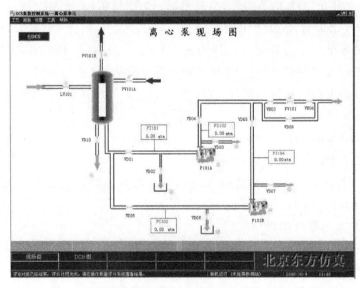

图 5-2　离心泵现场图界面

思考题

(1)请简述离心泵的工作原理和结构。

(2)请举例说出除离心泵以外你所知道的其他类型的泵。

(3)什么叫气蚀现象? 气蚀现象有什么破坏作用?

(4)发生气蚀现象的原因有哪些? 如何防止气蚀现象的发生?

（5）为什么启动前一定要将离心泵灌满被输送液体？

（6）离心泵在启动和停止运行时泵的出口阀应处于什么状态？为什么？

（7）泵 P101A 和泵 P101B 在进行切换时，应如何调节其出口阀 VD04 和 VD08，为什么要这样做？

（8）一台离心泵在正常运行一段时间后，流量开始下降，可能会是哪些原因导致的？

（9）离心泵出口压力过高或过低应如何调节？

（10）离心泵入口压力过高或过低应如何调节？

（11）若两台性能相同的离心泵串联操作，其输送流量和扬程较单台离心泵相比有什么变化？若两台性能相同的离心泵并联操作，其输送流量和扬程较单台离心泵相比有什么变化？

5.2.2 液位控制系统单元操作

5.2.2.1 工艺流程说明

1.工艺说明

本流程为液位控制系统，通过对三个罐的液位及压力的调节，使学员掌握简单回路及复杂回路的控制及相互关系。

缓冲罐 V101 仅一股来料，8 kg/cm² 压力的液体通过调节产供阀 FIC101 向罐 V101 充液，此罐压力由调节阀 PIC101 分程控制，缓冲罐压力高于分程点（5.0 kg/cm²）时，PV101B 自动打开泄压，压力低于分程点时，PV101B 自动关闭，PV101A 自动打开给罐充压，使 V101 压力控制在 5 kg/cm²。缓冲罐 V101 液位调节器 LIC101 和流量调节阀 FIC102 串级调节，一般液位正常控制在 50% 左右，自 V101 底抽出液体通过泵 P101A 或 P101B(备用泵)打入罐 V102，该泵出口压力一般控制在 9 kg/cm²，FIC102 流量正常控制在20 000 kg/hr。

罐 V102 有两股来料，一股为 V101 通过 FIC102 与 LIC101 串级调节后来的流量；另一股为 8 kg/cm² 压力的液体通过调节阀 LIC102 进入罐 V102，一般 V102 液位控制在 50% 左右，V102 底液抽出通过调节阀 FIC103 进入 V103，正常工况时 FIC103 的流量控制在 30 000 kg/hr。

罐 V103 也有两股进料，一股来自于 V102 的底抽出量，另一股为 8 kg/cm² 压力的液体通过 FIC103 与 FI103 比值调节进入 V103，比值系数为 2∶1，V103 底液体通过 LIC103 调节阀输出，正常时罐 V103 液位控制在 50% 左右。

2.本单元控制回路说明

本单元主要包括：单回路控制回路、分程控制回路、比值控制系统、串级控制系统。

（1）单回路控制回路：

单回路控制回路又称单回路反馈控制。由于在所有反馈控制中，单回路反馈控制是最基本、结构最简单的一种，因此，它又被称为简单控制。

　　单回路反馈控制由四个基本环节组成,即被控对象(简称对象)或被控过程(简称过程)、测量变送装置、控制器和控制阀。

　　所谓控制系统的整定,就是对于一个已经设计并安装就绪的控制系统,通过控制器参数的调整,使得系统的过渡过程达到最为满意的质量指标要求。

　　本单元的单回路控制有:FIC101,LIC102,LIC103。

　　(2)分程控制回路:

　　通常是一台控制器的输出只控制一只控制阀。然而分程控制回路却不然,在这种控制回路中,一台控制器的输出可以同时控制两只甚至两只以上的控制阀,控制器的输出信号被分割成若干个信号的范围段,而由每一段信号去控制一只控制阀。

　　本单元的分程控制回路有:PIC101 分程控制冲压阀 PV101A 和泄压阀 PV101B。

　　(3)比值控制系统:

　　在化工、炼油及其他工业生产过程中,工艺上常需要两种或两种以上的物料保持一定的比例关系,比例一旦失调,将影响生产或造成事故。

　　实现两个或两个以上参数符合一定比例关系的控制系统,称为比值控制系统。通常以保持两种或几种物料的流量为一定比例关系的系统,称之流量比值控制系统。

　　比值控制系统可分为:开环比值控制系统,单闭环比值控制系统,双闭环比值控制系统,变比值控制系统,串级和比值控制组合的系统等。

　　对于比值调节系统,首先是要明确哪种物料是主物料,而另一种物料按主物料来配比。在本单元中,FIC1425(以 C2 为主的烃原料)为主物料,而 FIC1427(H2)的量是随主物料(C2 为主的烃原料)的量的变化而改变。

　　(4)串级控制系统:

　　如果系统中不止采用一个控制器,而且控制器间相互串联,一个控制器的输出作为另一个控制器的给定值,这样的系统称为串级控制系统。

　　串级控制系统的特点:能迅速地克服进入副回路的扰动;改善主控制器的被控对象特征;有利于克服副回路内执行机构等的非线性。

　　在本单元中罐 V101 的液位是由液位调节器 LIC101 和流量调节器 FIC102 串级控制。

5.2.2.2　装置的操作规程

1.冷态开车规程

本操作规程仅供参考,详细操作以评分系统为准。

装置的开工状态为 V102 和 V103 两罐已充压完毕,保压在 2.0 kg/cm² ,缓冲罐 V101 压力为常压状态,所有可操作阀均处于关闭状态。

　　(1)缓冲罐 V101 充压及液位建立。

　　确认事项:

　　V101 压力为常压。

　　V101 充压及建立液位:

①在现场图上,打开 V101 进料调节器 FIC101 的前后手阀 V1 和 V2,开度在 100%。

②在 DCS 图上,打开调节阀 FIC101,阀位一般在 30% 左右开度,给缓冲罐 V101 充液。

③待 V101 见液位后再启动压力调节阀 PIC101,阀位先开至 20% 充压。

④待压力达 5 kg/cm² 左右时,PIC101 投自动。

(2)中间罐 V102 液位建立。

确认事项:

①V101 液位达 40% 以上。

②V101 压力达 5.0 kg/cm² 左右。

(3)V102 建立液位:

①在现场图上,打开泵 P101A 的前手阀 V5 为 100%。

②启动泵 P101A。

③当泵出口压力达 10 kg/cm² 时,打开泵 P101A 的后手阀 V7 为 100%。

④打开流量调节器 FIC102 前后手阀 V9 及 V10 为 100%。

⑤打开出口调节阀 FIC102,手动调节 FV102 开度,使泵出口压力控制在 9.0 kg/cm² 左右。

⑥打开液位调节阀 LV102 至 50% 开度。

⑦V101 进料流量调整器 FIC101 投自动,设定值为 20 000.0 kg/hr。

⑧操作平稳后调节阀 FIC102 投入自动控制并与 LIC101 串级调节 V101 液位。

⑨V102 液位达 50% 左右,LIC102 投自动,设定值为 50%。

(4)产品罐 V103 建立液位。

确认事项:

V102 液位达 50% 左右。

V103 建立液位:

①在现场图上,打开流量调节器 FIC103 的前后手阀 V13 及 V14。

②在 DCS 图上,打开 FIC103 及 FFIC104,阀位开度均为 50%。

③当 V103 液位达 50% 时,打开液位调节阀 LIC103 开度为 50%。

④LIC103 调节平稳后投自动,设定值为 50%。

2.正常操作规程

正常工况下的工艺参数:

FIC101 投自动,设定值为 20 000.0 kg/hr。

PIC101 投自动(分程控制),设定值为 5.0 kg/cm²。

LIC101 投自动,设定值为 50%。

FIC102 投串级(与 LIC101 串级)。

FIC103 投自动,设定值为 30 000.0 kg/hr。

FFIC104 投串级(与 FIC103 比值控制),比值系统为常数 2.0。

LIC102 投自动,设定值为 50%。

LIC103 投自动,设定值为 50%。

泵 P101A(或 P101B)出口压力 PI101 正常值为 9.0 kg/cm²。

V102 外进料流量 FI101 正常值为 10 000.0 kg/hr。

V103 产品输出量 FI102 的流量正常值为 45 000.0 kg/hr。

3.停车操作规程

本操作规程仅供参考,详细操作以评分系统为准。

(1)正常停车

1)关进料线:

①将调节阀 FIC101 改为手动操作,关闭 FIC101,再关闭现场手阀 V1 及 V2。

②将调节阀 LIC102 改为手动操作,关闭 LIC102,使 V102 外进料流量 FI101 为 0.0 kg/hr。

③将调节阀 FFIC104 改为手动操作,关闭 FFIC104。

2)将调节器改手动控制:

①将调节器 LIC101 改手动调节,FIC102 解除串级改手动控制。

②手动调节 FIC102,维持泵 P101A 出口压力,使 V101 液位缓慢降低。

③将调节器 FIC103 改手动调节,维持 V102 液位缓慢降低。

④将调节器 LIC103 改手动调节,维持 V103 液位缓慢降低。

3)V101 泄压及排放:

①罐 V101 液位下降至 10% 时,先关出口阀 FV102,停泵 P101A,再关入口阀 V5。

②打开排凝阀 V4,关 FIC102 手阀 V9 及 V10。

③罐 V101 液位降到 0.0 时,PIC101 置手动调节,打开 PV101 为 100% 放空。

当罐 V102 液位为 0.0 时,关调节阀 FIC103 及现场前后手阀 V13 及 V14。

当罐 V103 液位为 0.0 时,关调节阀 LIC103。

(2)紧急停车:

紧急停车操作规程同正常停车操作规程。

4.仪表及报警一览表

详细参数如表 5-2 所示。

表 5-2　仪表及报警一览表

位号	说明	类型	正常值	量程高限	量程低限	工程单位	高　报	低　报	高高报	低低报
FIC101	V101 进料流量	PID	20 000.0	40 000.0	0.0	kg/h				
FIC102	V101 出料流量	PID	20 000.0	40 000.0	0.0	kg/h				
FIC103	V102 出料流量	PID	30 000.0	60 000.0	0.0	kg/h				
FIC104	V103 进料流量	PID	15 000.0	30 000.0	0.0	kg/h				
LIC101	V101 液位	PID	50.0	100.0	0.0	%				

位号	说明	类型	正常值	量程高限	量程低限	工程单位	高　报	低　报	高高报	低低报
LIC102	V102 液位	PID	50.0	100.0	0.0	%				
LIC103	V103 液位	PID	50.0	100.0	0.0	%				
PIC101	V101 压力	PID	5.0	10.0	0.0	kgf/cm^2				
FI101	V102 进料液量	AI	10 000.0	20 000.0	0.0	kg/h				
FI102	V103 出料流量	AI	45 000.0	90 000.0	0.0	kg/h				
FI103	V103 进料流量	AI	15 000.0	30 000.0	0.0	kg/h				
PI101	P101A/B 出口压	AI	9.0	10.0	0.0	kgf/cm^2				
FI01	V102 进料流量	AI	20 000.0	40 000.0	0.0	kg/h	22 000.0	5 000.0	25 000.0	3 000.0
FI02	V103 出料流量	AI	45 000.0	90 000.0	0.0	kg/h	47 000.0	43 000.0	50 000.0	40 000.0
FY03	V102 出料流量	AI	30 000.0	60 000.0	0.0	kg/h	32 000.0	28 000.0	35 000.0	25 000.0
FI03	V103 进料流量	AI	15 000.0	30 000.0	0.0	kg/h	17 000.0	13 000.0	20 000.0	10 000.0
LI01	V101 液位	AI	50.0	100.0	0.0	%	80	20	90	10
LI02	V102 液位	AI	50.0	100.0	0.0	%	80	20	90	10
LI03	V103 液位	AI	50.0	100.0	0.0	%	80	20	90	10
PY01	V101 压力	AI	5.0	10.0	0.0	kgf/cm^2	5.5	4.5	6.0	4.0
PI01	P101A/B 出口压力	AI	9.0	18.0	0.0	kgf/cm^2	9.5	8.5	10.0	8.0
FY01	V101 进料流量	AI	20 000.0	40 000.0	0.0	kg/h	22 000.0	18 000.0	25 000.0	15 000.0
LY01	V101 液位	AI	50.0	100.0	0.0	%	80	20	90	10
LY02	V102 液位	AI	50.0	100.0	0.0	%	80	20	90	10
LY03	V103 液位	AI	50.0	100.0	0.0	%	80	20	90	10
FY02	V102 进料流量	AI	20 000.0	40 000.0	0.0	kg/h	22 000.0	18 000.0	25 000.0	15 000.0
FFY04	比值控制器	AI	2.0	4.0	0.0		2.5	1.5	4.0	0.0
PT01	V101 的压力控制	AO	50.0	100.0	0.0	%				
LT01	V101 的液位调节器的输出	AO	50.0	100.0	0.0	%				
LT02	V102 的液位调节器的输出	AO	50.0	100.0	0.0	%				
LT03	V103 的液位调节器的输出	AO	50.0	100.0	0.0	%				

5.2.2.3　事故设置一览

下列事故处理操作仅供参考,详细操作以评分系统为准。

(1)泵 P101A 坏。

原因:运行泵 P101A 停。

现象:画面泵 P101A 显示为开,但泵出口压力急剧下降。

处理:先关小出口调节阀开度,启动备用泵 P101B,调节出口压力,压力达 9.0 atm (表)时,关泵 P101A,完成切换。

处理方法:关小 P101A 泵出口阀 V7;打开 P101B 泵入口阀 V6;启动备用泵 P101B;打开 P101B 泵出口阀 V8;待 PI101 压力达 9.0 atm 时,关 V7 阀;关闭 P101A 泵;关闭 P101A 泵入口阀 V5。

(2)调节阀 FIC102 阀卡。

原因:FIC102 调节阀卡 20% 开度不动作。

现象:罐 V101 液位急剧上升,FIC102 流量减小。

处理:打开副线阀 V11,待流量正常后,关调节阀前后手阀。

处理方法:调节 FIC102 旁路阀 V11 开度;待 FIC102 流量正常后,关闭 FIC102 前后手阀 V9 和 V10;关闭调节阀 FIC102。

5.2.2.4　仿真界面

图 5-3、图 5-4 分别为液位控制系统 DCS 图界面及液位控制系统现场图界面。

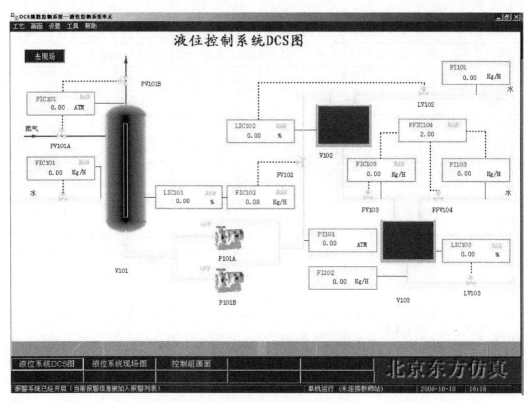

图 5-3　液位控制系统 DCS 界面图

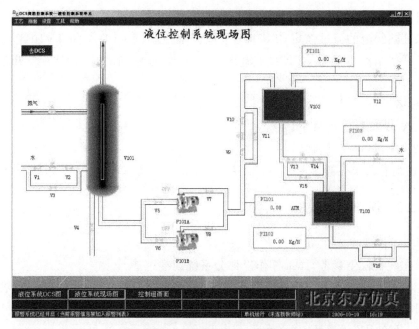

图 5-4　液位控制系统现场图界面

思考题

(1)通过本单元,理解什么是过程动态平衡,掌握通过仪表画面了解液位发生变化的原因和如何解决的方法。

(2)在调节器 FIC103 和 FFIC104 组成的比值控制回路中,哪一个是主动量? 为什么? 并指出这种比值调节属于开环,还是闭环控制回路。

(3)在开/停车时,为什么要特别注意维持流经调节阀 FV103 和 FFV104 的液体流量比值为 2?

(4)请简述开/停车的注意事项有哪些。

5.2.3　列管换热器单元操作

5.2.3.1　工艺流程说明

(1)工艺说明。

换热器是进行热交换操作的通用工艺设备,广泛应用于化工、石油、石油化工、动力、冶金等工业部门,特别是在石油炼制和化学加工装置中,占有重要地位。换热器的操作技术培训在整个操作培训中尤为重要。

本单元设计采用管壳式换热器。来自界外的 92 ℃冷物流(沸点:198.25 ℃)由泵 P101A/B 送至换热器 E101 的壳程被流经管程的热物流加热至 145 ℃,并有 20%被汽化。冷物流流量由流量控制器 FIC101 控制,正常流量为 12 000 kg/h。来自另一设备的 225 ℃热物流经泵 P102A/B 送至换热器 E101 与注经壳程的冷物流进行热交换,热物流出口温度由 TIC101 控制(177 ℃)。

为保证热物流的流量稳定,TIC101 采用分程控制,TV101A 和 TV101B 分别调节流经 E101 和副线的流量,TIC101 输出 0%~100% 分别对应 TV101A 开度 0%~100%,TV101B 开度 100%~0%。

(2)设备一览。

P101A/B:冷物流进料泵;

P102A/B:热物流进料泵;

E101:列管式换热器。

5.2.3.2 换热器单元操作规程

1.开车操作规程

本操作规程仅供参考,详细操作以评分系统为准。

装置的开工状态为换热器处于常温常压下,各调节阀处于手动关闭状态,各手操阀处于关闭状态,可以直接进冷物流。

(1)启动冷物流进料泵 P101A:

①开换热器壳程排气阀 VD03。

②开 P101A 泵的前阀 VB01。

③启动泵 P101A。

④当进料压力指示表 PI101 指示达 9.0 atm 以上,打开 P101A 泵的出口阀 VB03。

(2)冷物流 E101 进料:

①打开 FIC101 的前后阀 VB04,VB05,手动逐渐开大调节阀 FV101(FIC101)。

②观察壳程排气阀 VD03 的出口,当有液体溢出时(VD03 旁边标志变绿),标志着壳程已无不凝性气体,关闭壳程排气阀 VD03,壳程排气完毕。

③打开冷物流出口阀(VD04),将其开度置为 50%,手动调节 FV101,使 FIC101 达到12 000 kg/h,且较稳定时 FIC101 设定为12 000 kg/h,投自动。

(3)启动热物流入口泵 P102A:

①开管程放空阀 VD06。

②开 P102A 泵的前阀 VB11。

③启动 P102A 泵。

④当热物流进料压力表 PI102 指示大于 10 atm 时,全开 P102 泵的出口阀 VB10。

(4)热物流进料:

①全开 TV101A 的前后阀 VB06,VB07,TV101B 的前后阀 VB08,VB09。

②打开调节阀 TV101A(默认即开)给 E101 管程注液,观察 E101 管程排气阀 VD06 的出口,当有液体溢出时(VD06 旁边标志变绿),标志着管程已无不凝性气体,此时关管程排气阀 VD06,E101 管程排气完毕。

③打开 E101 热物流出口阀(VD07),将其开度置为 50%,手动调节管程温度控制阀 TIC101,使其出口温度在 177±2 ℃,且较稳定,TIC101 设定在 177 ℃,投自动。

2.正常操作规程

(1)正常工况操作参数：

冷物流流量为 12 000 kg/h,出口温度为 145 ℃,气化率 20％。

热物流流量为 10 000 kg/h,出口温度为 177 ℃。

(2)备用泵的切换：

P101A 与 P101B 之间可任意切换。

P102A 与 P102B 之间可任意切换。

3.停车操作规程

本操作规程仅供参考,详细操作以评分系统为准。

(1)停热物流进料泵 P102A：

①关闭 P102 泵的出口阀 VB01。

②停 P102A 泵。

③待 PI102 指示小于 0.1 atm 时,关闭 P102 泵入口阀 VB11。

(2)停热物流进料：

①TIC101 置手动。

②关闭 TV101A 的前、后阀 VB06、VB07。

③关闭 TV101B 的前、后阀 VB08、VB09。

④关闭 E101 热物流出口阀 VD07。

(3)停冷物流进料泵 P101A：

①关闭 P101 泵的出口阀 VB03。

②停 P101A 泵。

③待 PI101 指示小于 0.1 atm 时,关闭 P101 泵入口阀 VB01。

(4)停冷物流进料：

①FIC101 置手动。

②关闭 FIC101 的前、后阀 VB04、VB05。

③关闭 E101 冷物流出口阀 VD04。

(5)E101 管程泄液：

打开管程泄液阀 VD05,观察管程泄液阀 VD05 的出口,当不再有液体泄出时,关闭泄液阀 VD05。

(6)E101 壳程泄液：

打开壳程泄液阀 VD02,观察壳程泄液阀 VD02 的出口,当不再有液体泄出时,关闭泄液阀 VD02。

(4)仪表及报警一览表

各参数详见表 5-3。

表 5-3　　仪表及报警一览表

位号	说明	类型	正常值	量程上限	量程下限	工程单位	高报值	低报值	高高报值	低低报值
FIC101	冷流入口流量控制	PID	12 000	20 000	0	kg/h	17 000	3 000	19 000	1 000
TIC101	热流入口温度控制	PID	177	300	0	℃	255	45	285	15
PI101	冷流入口压力显示	AI	9.0	27 000	0	atm	10	3	15	1
TI101	冷流入口温度显示	AI	92	200	0	℃	170	30	190	10
PI102	热流入口压力显示	AI	10.0	50	0	atm	12	3	15	1
TI102	冷流出口温度显示	AI	145.0	300	0	℃	17	3	19	1
TI103	热流入口温度显示	AI	225	400	0	℃				
TI104	热流出口温度显示	AI	129	300	0	℃				
FI101	流经换热器流量	AI	10 000	20 000	0	kg/h				
FI102	未流经换热器流量	AI	10 000	20 000	0	kg/h				

5.2.3.3　事故设置一览

下列事故处理操作仅供参考,详细操作以评分系统为准。

(1)FIC101 阀卡。

主要现象:FIC101 流量减小;P101 泵出口压力升高;冷物流出口温度升高。

事故处理:关闭 FIC101 前后阀,打开 FIC101 的旁路阀(VD01),调节流量使其达到正常值。

(2)P101A 泵坏。

主要现象:P101 泵出口压力急骤下降;FIC101 流量急骤减小;冷物流出口温度升高,汽化率增大。

事故处理:关闭 P101A 泵,开启 P101B 泵。

(3)P102A 泵坏。

主要现象:P102 泵出口压力急骤下降;冷物流出口温度下降,汽化率降低。

事故处理:关闭 P102A 泵,开启 P102B 泵。

(4)TV101A 阀卡。

主要现象:热物流经换热器换热后的温度降低;冷物流出口温度降低。

事故处理:关闭 TV101A 前后阀,打开 TV101A 的旁路阀(VD01),调节流量使其达到正常值。关闭 TV101B 前后阀,调节旁路阀(VD09)。

(5)部分管堵。

主要现象:热物流流量减小;冷物流出口温度降低,汽化率降低;热物流 P102 泵出口压力略升高。

事故处理:停车拆换热器清洗。

(6)换热器结垢严重。

主要现象:热物流出口温度高。

事故处理:停车拆换热器清洗。

5.2.3.4 仿真界面

图 5-5、图 5-6 分别为列管换热器 DCS 图界面和列管换热器现场图界面。

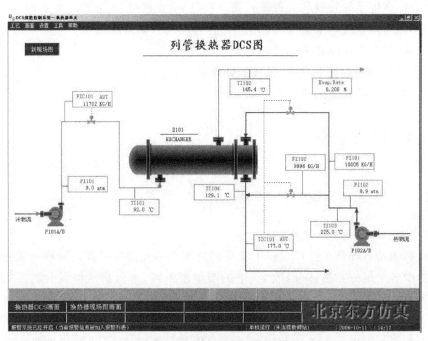

图 5-5 列管换热器 DCS 图界面

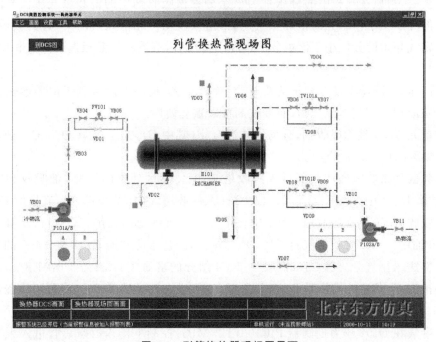

图 5-6 列管换热器现场图界面

思考题

(1)冷态开车是先送冷物料,后送热物料;而停车时又要先关热物料,后关冷物料,为什么?

(2)开车时不排出不凝气会有什么后果? 如何操作才能排净不凝气?

(3)为什么停车后管程和壳程都要高点排气、低点泄液?

(4)你认为本系统调节器 TIC101 的设置合理吗? 如何改进?

(5)影响间壁式换热器传热量的因素有哪些?

(6)传热有哪几种基本方式,各自的特点是什么?

(7)工业生产中常见的换热器有哪些类型?

5.2.4　吸收解吸

5.2.4.1　工艺流程说明

1.工艺说明

吸收解吸是石油化工生产过程中较常用的重要单元操作过程。吸收过程是利用气体混合物中各个组分在液体(吸收剂)中的溶解度不同,来分离气体混合物。被溶解的组分称为溶质或吸收质,含有溶质的气体称为富气,不被溶解的气体称为贫气或惰性气体。

溶解在吸收剂中的溶质和在气相中的溶质存在溶解平衡,当溶质在吸收剂中达到溶解平衡时,溶质在气相中的分压称为该组分在该吸收剂中的饱和蒸气压。当溶质在气相中的分压大于该组分的饱和蒸气压时,溶质就从气相溶入溶质中,称为吸收过程。当溶质在气相中的分压小于该组分的饱和蒸气压时,溶质就从液相逸出到气相中,称为解吸过程。

提高压力、降低温度有利于溶质吸收;降低压力、提高温度有利于溶质解吸。正是利用这一原理分离气体混合物,而吸收剂可以重复使用。

该单元以 C6 油为吸收剂,分离气体混合物(其中 C4:25.13%,CO 和 CO_2:6.26%,N_2:64.58%,H_2:3.5%,O_2:0.53%)中的 C4 组分(吸收质)。

从界区外来的富气从底部进入吸收塔 T101。界区外来的纯 C6 油吸收剂贮存于 C6 油贮罐 D101 中,由 C6 油泵 P101A/B 送入吸收塔 T101 的顶部,C6 流量由 FRC103 控制。吸收剂 C6 油在吸收塔 T101 中自上而下与富气逆向接触,富气中 C4 组分被溶解在 C6 油中。不溶解的贫气自 T101 顶部排出,经盐水冷却器 E101 被 −4 ℃的盐水冷却至 2 ℃进入尾气分离罐 D102。吸收了 C4 组分的富油(C4:8.2%,C6:91.8%)从吸收塔底部排出,经贫富油换热器 E103 预热至 80 ℃进入解吸塔 T102。吸收塔塔釜液位由 LIC101 和 FIC104 通过调节塔釜富油采出量串级控制。

不凝气在 D102 压力控制器 PIC103(1.2 MPa)控制下排入放空总管进入大气。回收的冷凝液(C4,C6)与吸收塔釜排出的富油一起进入解吸塔 T102。

预热后的富油进入解吸塔 T102 进行解吸分离。塔顶气相出料(C4:95%)经全冷器 E104 换热降温至 40 ℃全部冷凝进入塔顶回流罐 D103,其中一部分冷凝液由 P102A/B 泵打回流至解吸塔顶部,回流量 8.0 T/h,由 FIC106 控制,其他部分作为 C4 产品在液位控制(LIC105)下由 P102A/B 泵抽出。塔釜 C6 油在液位控制(LIC104)下,经贫富油换热器 E103 和盐水冷却器 E102 降温至 5 ℃返回至 C6 油贮罐 D101 再利用,返回温度由温度控制器 TIC103 通过调节 E102 循环冷却水流量控制。

T102 塔釜温度由 TIC107 和 FIC108 通过调节塔釜再沸器 E105 的蒸汽流量串级控制,控制温度 102 ℃。塔顶压力由 PIC105 通过调节塔顶冷凝器 E104 的冷却水流量控制,另有·塔顶压力保护控制器 PIC104,在塔顶有凝气压力高时通过调节 D103 放空量降压。

因为塔顶 C4 产品中含有部分 C6 油及其他 C6 油损失,所以随着生产的进行,要定期观察 C6 油贮罐 D101 的液位,补充新鲜 C6 油。

2.本单元复杂控制方案说明

吸收解吸单元复杂控制回路主要是串级回路的使用,在吸收塔、解吸塔和产品罐中都使用了液位与流量串级回路。

串级回路是在简单调节系统基础上发展起来的。在结构上,串级回路调节系统有两个闭合回路。主、副调节器串联,主调节器的输出为副调节器的给定值,系统通过副调节器的输出操纵调节阀动作,实现对主参数的定值调节。所以在串级回路调节系统中,主回路是定值调节系统,副回路是随动系统。

举例:在吸收塔 T101 中,为了保证液位的稳定,有一塔釜液位与塔釜出料组成的串级回路。液位调节器的输出同时是流量调节器的给定值,即流量调节器 FIC104 的 SP 值由液位调节器 LIC101 的输出 OP 值控制,LIC101.OP 的变化使 FIC104.SP 产生相应的变化。

3.设备一览

T101:吸收塔;

D101:C6 油贮罐;

D102:气液分离罐;

E101:吸收塔顶冷凝器;

E102:循环油冷却器;

P101A/B:C6 油供给泵;

T102:解吸塔;

D103:解吸塔顶回流罐;

E103:贫富油换热器;

E104:解吸塔顶冷凝器;

E105:解吸塔釜再沸器;

P102A/B:解吸塔顶回流、塔顶产品采出泵。

5.2.4.2　吸收解吸单元操作规程

1.开车操作规程

本操作规程仅供参考,详细操作以评分系统为准。

装置的开工状态为吸收塔解吸塔系统均处于常温常压下,各调节阀处于手动关闭状态,各手操阀处于关闭状态,氮气置换已完毕,公用工程已具备条件,可以直接进行氮气充压。

(1)氮气充压:

1)确认所有手阀处于关状态。

2)氮气充压

①打开氮气充压阀,给吸收塔系统充压。

②当吸收塔系统压力升至 1.0 MPa(g)左右时,关闭氮气充压阀。

③打开氮气充压阀,给解吸塔系统充压。

④当吸收塔系统压力升至 0.5 MPa(g)左右时,关闭氮气充压阀。

(2)进吸收油:

1)确认:

①系统充压已结束。

②所有手阀处于关状态。

2)吸收塔系统进吸收油:

①打开引油阀 V9 至开度 50%左右,给 C6 油贮罐 D101 充 C6 油至液位 50%以上。

②打开 C6 油泵 P101A(或 B)的入口阀,启动 P101A(或 B)。

③打开 P101A(或 B)出口阀,手动打开 FV103 阀至 30%左右给吸收塔 T101 充液至 50%。充油过程中注意观察 D101 液位,必要时给 D101 补充新油。

3)解吸塔系统进吸收油:

①手动打开调节阀 FV104 开度至 50%左右,给解吸塔 T102 进吸收油至液位 50%。

②给 T102 进油时注意给 T101 和 D101 补充新油,以保证 D101 和 T101 的液位均不低于 50%。

(3)C6 油冷循环:

1)确认:

①贮罐、吸收塔、解吸塔液位 50%左右。

②吸收塔系统与解吸塔系统保持合适压差。

2)建立冷循环:

①手动逐渐打开调节阀 LV104,向 D101 倒油。

②当向 D101 倒油时,同时逐渐调整 FV104,以保持 T102 液位在 50%左右,将 LIC104 设定在 50%投自动。

③由 T101 至 T102 油循环时,手动调节 FV103 以保持 T101 液位在 50%左右,将

LIC101 设定在 50％投自动。

④手动调节 FV103,使 FRC103 保持在 13.50 T/h,投自动,冷循环 10 分钟。

(4)T102 回流罐 D103 灌 C4:

打开 V21 向 D103 灌 C4 至液位为 40％。

(5)C6 油热循环:

1)确认

①冷循环过程已经结束。

②D103 液位已建立。

2)T102 再沸器投用

①设定 TIC103 为 5 ℃,投自动。

②手动打开 PV105 至 70％。

③手动打开 FV108 至 50％

④调节 PV104,控制塔压在 0.5 MPa。

3)建立 T102 回流

①随着 T102 塔釜温度 TIC107 逐渐升高,C6 油开始汽化,并在 E104 中冷凝至回流罐 D103。

②当塔顶温度高于 45 ℃时,打开 P102A/B 泵的入出口阀 VI25/27、VI26/28,打开 FV106 的前后阀,手动打开 FV106 至合适开度,维持塔顶温度高于 51 ℃。

③当 TIC107 温度指示达到 102 ℃时,将 TIC107 设定在 102 ℃投自动,TIC107 和 FIC108 投串级。

④热循环 10 分钟。

(6)进富气:

1)确认 C6 油热循环已经建立。

2)进富气。

①打开 V4 阀,启用冷凝器 E101。

②逐渐打开富气进料阀 V1,开始富气进料。

③随着 T101 富气进料,塔压升高,手动调节 PIC103 使压力恒定在 1.2 MPa(表)。当富气进料达到正常值后,设定 PIC103 于 1.2 MPa(表),投自动。

④当吸收了 C4 的富油进入解吸塔后,塔压将逐渐升高,手动调节 PIC105,维持 PIC105 在 0.5 MPa(表),稳定后投自动。

⑤PV104 投自动,设定为 0.55。

⑥当 T102 温度,压力控制稳定后,手动调节 FIC106 使回流量达到正常值 8.0 T/h,投自动。

⑦观察 D103 液位,液位高于 50 时,打开 LIV105 的前后阀,手动调节 LIC105 维持液位在 50％,投自动。

⑧将所有操作指标逐渐调整到正常状态。

2.正常操作规程

正常工况操作参数：

T101 液位 LIC101 维持在 50％左右。

D101 液位 LI102 维持在 60％左右。

T102 液位 LIC104 维持在 50％左右。

D103 液位 LIC105 维持在 50％左右。

T101 塔顶压力 PI101 维持在 1.22 MPa 左右。

D102 塔顶压力 PI103 维持在 1.2 MPa 左右。

T102 塔顶压力 PI105 维持在 0.5 MPa 左右。

E102 热物流出口温度 TIC103 维持在 5 ℃。

T102 塔顶温度 TI106 维持在 51 ℃。

T102 塔釜温度 TIC107 维持在 102 ℃。

T101 原料气流量 FI101 维持在 5 t/h 左右。

T101 回流量 FRC103 维持在 13.5 t/h。

T101 塔釜出口流量 FIC104 维持在 14.7 t/h 左右。

T102 回流量 FIC106 维持在 8 t/h 左右。

（1）补充新油：

因为塔顶 C4 产品中含有部分 C6 油及其他 C6 油损失，所以随着生产的进行，要定期观察 C6 油贮罐 D101 的液位，使其保持在 60％左右。否则打开阀 V9 补充新鲜的 C6 油。

（2）D102 排液：

生产过程中贫气中的少量 C4 和 C6 组分积累于尾气分离罐 D102 中，定期观察 D102 的液位，当液位高于 70％时，打开阀 V7 将凝液排放至解吸塔 T102 中。

（3）T102 塔压控制：

正常情况下 T102 的压力由 PIC105 通过调节 E104 的冷却水流量控制。生产过程中会有少量不凝气积累于回流罐 D103 中使解吸塔系统压力升高，这时 T102 顶部压力超高保护控制器 PIC104 会自动控制排放不凝气，维持压力不会超高。必要时可手动打开 PV104 至开度 1％～3％来调节压力。

3.停车操作规程

本操作规程仅供参考，详细操作以评分系统为准。

（1）停富气进料：

（1）关富气进料阀 V1，停富气进料。

（2）富气进料中断后，T101 塔压会降低，手动调节 PIC103，维持 T101 压力＞1.0 MPa（表）。

（3）关闭调节阀 LV105。

（4）动调节 PIC104 维持 T102 塔压力在 0.20 MPa（表）左右。

（5）持 T101 →T102 →D101 的 C6 油循环。

（2）停吸收塔系统：

停 C6 油进料

①停 C6 油泵 P101A/B。

②关闭 P101A/B 入出口阀。

③FRC103 置手动，关 FV103 前后阀。

④手动关 FV103 阀，停 T101 油进料。

此时应注意保持 T101 的压力天于等于 1.1，压力低时可用 N_2 充压，否则 T101 塔釜 C6 油无法排出。

（3）吸收塔系统泄油：

①LIC101 和 FIC104 置手动，FV104 开度保持 50％，向 T102 泄油。

②当 LIC101 液位降至 0％时，关闭 FV104。

③打开 V7 阀（开度＞10％），将 D102 中的凝液排至 T102 中。

④当 D102 液位指示降至 0％时，关 V7 阀。

⑤关 V4 阀，中断盐水，停 E101。

⑥手动打开 PV103（开度＞10％），吸收塔系统泄压至常压，关闭 PV103。

（5）停解吸塔系统：

1）T102 塔降温：

①TIC107 和 FIC108 置手动，关闭 E105 蒸汽阀 FV108，停再沸器 E105。

②改为手动调节 PV105 和 PV104，保持解吸塔压力（0.2 MPa）。

2）停 T102 回流：

①再沸器停用，温度下降至泡点以下后，油不再汽化，当 D103 液位 LIC105 指示小于 10％时，停回流泵 P102A/B，关 P102A/B 的入出口阀。

②手动关闭 FV106 及其前后阀，停 T102 回流。

③打开 D103 泄液阀 V19（开度＞10％）。

④当 D103 液位指示下降至 0％时，关 V19 阀。

3）T102 泄油：

①手动置 LV104 于 50％，将 T102 中的油倒入 D101。

②当 T102 液位 LIC104 指示下降至 10％时，关 LV104。

③手动关闭 TV103，停 E102。

④打开 T102 泄油阀 V18（开度＞10％），T102 液位 LIC104 下降至 0％时，关 V18。

4）T102 泄压：

①手动打开 PV104 至开度 50％，开始 T102 系统泄压。

②当 T102 系统压力降至常压时，关闭 PV104。

（6）吸收油贮罐 D101 排油：

当停 T101 吸收油进料后，D101 液位必然上升，此时打开 D101 排油阀 V10 排污油。

直至 T102 中油倒空，D101 液位下降至 0％，关 V10。

4.仪表及报警一览表

各参数详见表 5-4。

表 5-4　仪表及报警一览表

位号	说明	类型	正常值	量程上限	量程下限	工程单位	高报值	低报值	高高报值	低低报值
AI101	回流罐C4组分	AI	＞95.0	100.0	0	%				
FI101	T101进料	AI	5.0	10.0	0.	t/h				
FI102	T101塔顶气量	AI	3.8	6.0	0	t/h				
FRC103	吸收油流量控制	PID	13.50	20.0	0	t/h	16.0	4.0		
FIC104	富油流量控制	PID	14.70	20.0	0	t/h	16.0	4.0		
FI105	T102进料	AI	14.70	20.0	0	t/h				
FIC106	回流量控制	PID	8.0	14.0	0	t/h	11.2	2.8		
FI107	T101塔底贫油采出	AI	13.41	20.0	0	t/h				
FIC108	加热蒸汽量控制	PID	2.963	6.0	0	t/h				
LIC101	吸收塔液位控制	PID	50	100	0	%	85	15		
LI102	D101液位	AI	60.0	100	0	%	85	15		
LI103	D102液位	AI	50.0	100	0	%	65	5		
LIC104	解吸塔釜液位控制	PID	50	100	0	%	85	15		
LIC105	回流罐液位控制	PID	50	100	0	%	85	15		
PI101	吸收塔顶压力显示	AI	1.22	20	0	Mpa	1.7	0.3		
PI102	吸收塔塔底压力	AI	1.25	20	0	Mpa				
PIC103	吸收塔顶压力控制	PID	1.2	20	0	Mpa	1.7	0.3		
PIC104	解吸塔顶压力控制	PID	0.55	1.0	0	Mpa				
PIC105	解吸塔顶压力控制	PID	0.50	1.0	0	Mpa				
PI106	解吸塔底压力显示	AI	0.53	1.0	0	Mpa				
TI101	吸收塔塔顶温度	AI	6	40	0	℃				
TI102	吸收塔塔底温度	AI	40	100	0	℃				
TIC103	循环油温度控制	PID	5.0	50	0	℃	10.0	2.5		
TI104	C4回收罐温度显示	AI	2.0	40	0	℃				
TI105	预热后温度显示	AI	80.0	150.0	0	℃				
TI106	吸收塔顶温度显示	AI	6.0	50	0	℃				
TIC107	解吸塔釜温度控制	PID	102.0	150.0	0	℃				
TI108	回流罐温度显示	AI	40.0	100	0	℃				

5.2.4.3　事故设置一览

下列事故处理操作仅供参考,详细操作以评分系统为准。

(1)冷却水中断。

主要现象:冷却水流量为 0;入口路各阀常开状态。

处理方法:停止进料,关 V1 阀。

手动关 PV103 保压。

手动关 FV104,停 T102 进料。

手动关 LV105,停出产品。

手动关 FV103,停 T101 回流。

手动关 FV106,停 T102 回流。

关 LIC104 前后阀,保持液位。

(2)加热蒸汽中断。

主要现象:加热蒸汽管路各阀开度正常;加热蒸气入口流量为 0;塔釜温度急剧下降。

处理方法:停止进料,关 V1 阀。

停 T102 回流。

停 D103 产品出料。

停 T102 进料。

关 PV103 保压。

关 LIC104 前后阀,保持液位。

(3)仪表风中断。

主要现象:各调节阀全开或全关。

处理方法:打开 FRC103 旁路阀 V3。

打开 FIC104 旁路阀 V5。

打开 PIC103 旁路阀 V6。

打开 TIC103 旁路阀 V8。

打开 LIC104 旁路阀 V12。

打开 FIC106 旁路阀 V13。

打开 PIC105 旁路阀 V14。

打开 PIC104 旁路阀 V15。

打开 LIC105 旁路阀 V16。

打开 FIC108 旁路阀 V17。

(4)停电。

主要现象:泵 P101A/B 停;泵 P102A/B 停。

处理方法:打开泄液阀 V10,保持 LI102 液位在 50%。

打开泄液阀 V19,保持 LI105 液位在 50%。

关小加热油流量,防止塔温上升过高。

(5)P101A 泵坏。

主要现象:FRC103 流量降为 0;塔顶 C4 上升,温度上升,塔顶压上升;釜液位下降。

处理方法:停 P101A,注:先关泵后阀,再关泵前阀。

开启 P101B,先开泵前阀,再开泵后阀。

由 FRC103 调至正常值,并投自动。

(6)LIC104 调节阀卡。

主要现象:FI107 降至 0;塔釜液位上升,并可能报警。

处理方法:关 LIC104 前后阀 VI13、VI14;开 LIC104 旁路阀 V12 至 60％左右;调整旁路阀 V12 开度,使液位保持 50％。

(7)换热器 E105 结垢严重。

主要现象:调节阀 FIC108 开度增大;加热蒸气入口流量增大;塔釜温度下降,塔顶温度也下降,塔釜 C4 组成上升。

处理方法:关闭富气进料阀 V1。

手动关闭产品出料阀 LIC102。

手动关闭再沸器后,清洗换热器 E105。

5.2.4.4　仿真界面

图 5-7、图 5-8 分别为吸收系统 DCS 图界面和吸收系统现场图界面。

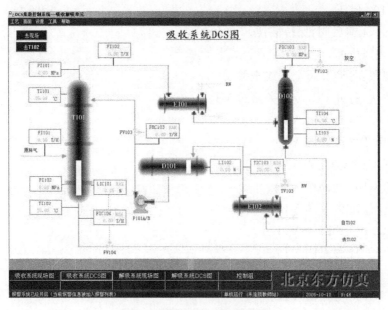

图 5-7　吸收系统 DCS 图界面

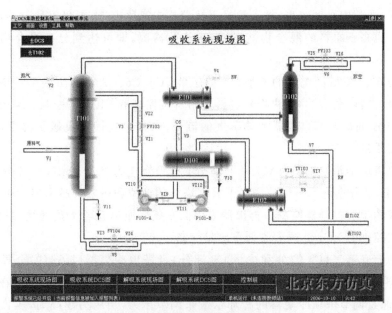

图 5-8　吸收系统现场图界面

思考题

(1)吸收岗位的操作是在高压、低温的条件下进行的,为什么说这样的操作条件对吸收过程的进行有利?

(2)请从节能的角度对换热器 E103 在本单元的作用做出评价。

(3)结合本单元的具体情况,说明串级控制的工作原理。

(4)操作时若发现富油无法进入解吸塔,会是哪些原因导致的? 应如何调整?

(5)假如本单元的操作已经平稳,这时吸收塔的进料富气温度突然升高,分析会导致什么现象? 如果造成统不稳定,吸收塔的塔顶压力上升(塔顶 C4 增加),有几种手段将系统调节正常?

(6)请分析本流程的串级控制;如果请你来设计,还有哪些变量间可以通过串级调节控制? 这样做的优点是什么?

(7)C6 油贮罐进料阀为一手操阀,有没有必要在此设一个调节阀,使进料操作自动化,为什么?

5.2.5　精馏塔单元操作

5.2.5.1　工艺流程说明

1.工艺说明

本流程是利用精馏方法,在脱丁烷塔中将丁烷从脱丙烷塔釜混合物中分离出来。精馏是将液体混合物部分汽化,利用其中各组分相对挥发度的不同,通过液相和气相间的质量传递来实现混合物的分离。本装置中将脱丙烷塔釜混合物部分汽化,由于丁烷的沸点较低,即其挥发度较高,故丁烷易于从液相中汽化出来,再将汽化的蒸汽冷凝,可得到丁烷组成高于原料的混合物,经过多次汽化冷凝,即可达到分离混合物中丁烷的目的。

原料为 67.8 ℃脱丙烷塔的釜液(主要有 C4、C5、C6、C7 等),由脱丁烷塔(DA405)的第 16 块板进料(全塔共 32 块板),进料量由流量控制器 FIC101 控制。灵敏板温度由调节器 TC101 通过调节再沸器加热蒸气的流量,来控制提馏段灵敏板温度,从而控制丁烷的分离质量。

脱丁烷塔塔釜液(主要为 C5 以上馏分)一部分作为产品采出,一部分经再沸器(EA418A、B)部分汽化为蒸气从塔底上升。塔釜的液位和塔釜产品采出量由 LC101 和 FC102 组成的串级控制器控制。再沸器采用低压蒸气加热。塔釜蒸气缓冲罐(FA414)液位由液位控制器 LC102 调节底部采出量控制。

塔顶的上升蒸气(C4 馏分和少量 C5 馏分)经塔顶冷凝器(EA419)全部冷凝成液体,该冷凝液靠位差流入回流罐(FA408)。塔顶压力 PC102 采用分程控制:在正常的压力波动下,通过调节塔顶冷凝器的冷却水量来调节压力,当压力超高时,压力报警系统发出报警信号,PC102 调节塔顶至回流罐的排气量来控制塔顶压力调节气相出料。操作压力 4.25 atm(表压),高压控制器 PC101 将调节回流罐的气相排放量,来控制塔内压力稳定。冷凝器以冷却水为载热体。回流罐液位由液位控制器 LC103 调节塔顶产品采出量来维持恒定。回流罐中的液体一部分作为塔顶产品送下一工序,另一部分液体由回流泵(GA412A、B)送回塔顶作为回流,回流量由流量控制器 FC104 控制。

2.本单元复杂控制方案说明

吸收解吸单元复杂控制回路主要是串级回路的使用,在吸收塔、解吸塔和产品罐中都使用了液位与流量串级回路。

串级回路:串级回路是在简单调节系统基础上发展起来的。在结构上,串级回路调节系统有两个闭合回路。主、副调节器串联,主调节器的输出为副调节器的给定值,系统通过副调节器的输出操纵调节阀动作,实现对主参数的定值调节。所以在串级回路调节系统中,主回路是定值调节系统,副回路是随动系统。

分程控制:分程控制由一只调节器的输出信号控制两只或更多的调节阀,每只调节阀在调节器的输出信号的某段范围中工作。

具体实例:

DA405 的塔釜液位控制 LC101 和塔釜出料 FC102 构成一串级回路。

FC102.SP 随 LC101.OP 的改变而变化。

PIC102 为一分程控制器,分别控制 PV102A 和 PV102B,当 PC102.OP 逐渐开大时,PV102A 从 0 逐渐开大到 100;而 PV102B 从 100 逐渐关小至 0。

3.设备一览

DA405:脱丁烷塔;

EA419:塔顶冷凝器;

FA408:塔顶回流罐;

GA412A、B:回流泵;

EA418A、B:塔釜再沸器;

FA414:塔釜蒸气缓冲罐。

5.2.5.2 精馏单元操作规程

1.冷态开车操作规程

本操作规程仅供参考,详细操作以评分系统为准。

装置冷态开工状态为精馏塔单元处于常温、常压氮吹扫完毕后的氮封状态,所有阀门、机泵处于关停状态。

(1)进料过程:

开 FA408 顶放空阀 PC101 排放不凝气,稍开 FIC101 调节阀(不超过 20%),向精馏塔进料。

进料后,塔内温度略升,压力升高。当压力 PC101 升至 0.5 atm 时,关闭 PC101 调节阀投自动,并控制塔压不超过 4.25 atm(如果塔内压力大幅波动,改回手动调节稳定压力)。

(2)启动再沸器:

当压力 PC101 升至 0.5 atm 时,打开冷凝水 PC102 调节阀至 50%;塔压基本稳定在 4.25 atm 后,可加大塔进料(FIC101 开至 50%左右)。

待塔釜液位 LC101 升至 20%以上时,开加热蒸气入口阀 V13,再稍开 TC101 调节阀,给再沸器缓慢加热,并调节 TC101 阀开度使塔釜液位 LC101 维持在 40%~60%。待 FA414 液位 LC102 升至 50%时,并投自动,设定值为 50%。

(3)建立回流:

随着塔进料增加和再沸器、冷凝器的投用,塔压会有所升高。回流罐逐渐积液。

塔压升高时,通过开大 PC102 的输出,改变塔顶冷凝器冷却水量和旁路量来控制塔压稳定。

当回流罐液位 LC103 升至 20%以上时,先开回流泵 GA412A/B 的入口阀 V19,再启动泵,再开出口阀 V17,启动回流泵。

通过 FC104 的阀开度控制回流量,维持回流罐液位不超高,同时逐渐关闭进料,全回流操作。

(4)调整至正常:

当各项操作指标趋近正常值时,打开进料阀 FIC101。

逐步调整进料量 FIC101 至正常值。

通过 TC101 调节再沸器加热量使灵敏板温度 TC101 达到正常值。

逐步调整回流量 FC104 至正常值。

开 FC103 和 FC102 出料,注意塔釜、回流罐液位。

将各控制回路投自动,各参数稳定并与工艺设计值吻合后,投产品采出串级。

2.正常操作规程

(1)正常工况下的工艺参数：

进料流量 FIC101 设为自动,设定值为14 056 kg/hr。

塔釜采出量 FC102 设为串级,设定值为 7349 kg/hr,LC101 设自动,设定值为50%。

塔顶采出量 FC103 设为串级,设定值为6707 kg/hr。

塔顶回流量 FC104 设为自动,设定值为9664 kg/hr。

塔顶压力 PC102 设为自动,设定值为 4.25 atm,PC101 设自动,设定值为5.0 atm。

灵敏板温度 TC101 设为自动,设定值为89.3 ℃。

FA414 液位 LC102 设为自动,设定值为50%。

回流罐液位 LC103 设为自动,设定值为50%。

(2)主要工艺生产指标的调整方法：

1)质量调节:本系统的质量调节采用以提馏段灵敏板温度作为主参数,以再沸器和加热蒸汽流量的调节系统,以实现对塔的分离质量控制。

2)压力控制:在正常的压力情况下,由塔顶冷凝器的冷却水量来调节压力,当压力高于操作压力 4.25 atm(表压)时,压力报警系统发出报警信号,同时调节器 PC101 将调节回流罐的气相出料,为了保持同气相出料的相对平衡,该系统采用压力分程调节。

3)液位调节:塔釜液位由调节塔釜的产品采出量来维持恒定。设有高低液位报警。回流罐液位由调节塔顶产品采出量来维持恒定。设有高低液位报警。

4)流量调节:进料量和回流量都采用单回路的流量控制;再沸器加热介质流量,由灵敏板温度调节。

3.停车操作规程

本操作规程仅供参考,详细操作以评分系统为准。

(1)降负荷：

逐步关小 FIC101 调节阀,降低进料至正常进料量的 70%。

在降负荷过程中,保持灵敏板温度 TC101 的稳定性和塔压 PC102 的稳定,使精馏塔分离出合格产品。

在降负荷过程中,尽量通过 FC103 排出回流罐中的液体产品,至回流罐液位 LC104 在 20%左右。

在降负荷过程中,尽量通过 FC102 排出塔釜产品,使 LC101 降至 30%左右。

(2)停进料和再沸器：

在负荷降至正常的 70%,且产品已大部采出后,停进料和再沸器。

关 FIC101 调节阀,停精馏塔进料。

关 TC101 调节阀和 V13 或 V16 阀,停再沸器的加热蒸气。

关 FC102 调节阀和 FC103 调节阀,停止产品采出。

打开塔釜泄液阀 V10,排不合格产品,并控制塔釜降低液位。

手动打开 LC102 调节阀,对 FA114 泄液。

（3）停回流：

停进料和再沸器后，回流罐中的液体全部通过回流泵打入塔，以降低塔内温度。

当回流罐液位至 0 时，关 FC104 调节阀，关泵出口阀 V17（或 V18），停泵 GA412A（或 GA412B），关入口阀 V19（或 V20），停回流。

开泄液阀 V10 排净塔内液体。

（4）降压、降温：

打开 PC101 调节阀，将塔压降至接近常压后，关 PC101 调节阀。

全塔温度降至 50 ℃左右时，关塔顶冷凝器的冷却水（PC102 的输出至 0）。

4.仪表一览表

表 5-5　仪表及报警一览表

位号	说明	类型	正常值	量程高限	量程低限	工程单位
FIC101	塔进料量控制	PID	14 056.0	28 000.0	0.0	kg/hr
FC102	塔釜采出量控制	PID	7 349.0	14 698.0	0.0	kg/hr
FC103	塔顶采出量控制	PID	6 707.0	13 414.0	0.0	kg/hr
FC104	塔顶回流量控制	PID	9 664.0	19 000.0	0.0	kg/hr
PC101	塔顶压力控制	PID	4.25	8.5	0.0	atm
PC102	塔顶压力控制	PID	4.25	8.5	0.0	atm
TC101	灵敏板温度控制	PID	89.3	190.0	0.0	℃
LC101	塔釜液位控制	PID	50.0	100.0	0.0	%
LC102	塔釜蒸气缓冲罐液位控制	PID	50.0	100.0	0.0	%
LC103	塔顶回流罐液位控制	PID	50.0	100.0	0.0	%
TI102	塔釜温度	AI	109.3	200.0	0.0	℃
TI103	进料温度	AI	67.8	100.0	0.0	℃
TI104	回流温度	AI	39.1	100.0	0.0	℃
TI105	塔顶气温度	AI	46.5	100.0	0.0	℃

5.2.5.3　事故设置一览

下列事故处理操作仅供参考，详细操作以评分系统为准。

（1）热蒸气压力过高。

原因：热蒸气压力过高。

现象：加热蒸气的流量增大，塔釜温度持续上升。

处理：适当减小 TC101 的阀门开度。

（2）热蒸气压力过低。

原因：热蒸气压力过低。

现象：加热蒸气的流量减小，塔釜温度持续下降。

处理:适当增大 TC101 的开度。

(3)冷凝水中断。

原因:停冷凝水。

现象:塔顶温度上升,塔顶压力升高。

处理:开回流罐放空阀 PC101 保压。

手动关闭 FC101,停止进料。

手动关闭 TC101,停加热蒸气。

手动关闭 FC103 和 FC102,停止产品采出。

开塔釜排液阀 V10,排不合格产品。

手动打开 LIC102,对 FA114 泄液。

当回流罐液位为 0 时,关闭 FIC104。

关闭回流泵出口阀 V17/V18。

关闭回流泵 GA424A/GA424B。

关闭回流泵入口阀 V19/V20。

待塔釜液位为 0 时,关闭泄液阀 V10。

待塔顶压力降为常压后,关闭冷凝器。

(4)停电。

原因:停电。

现象:回流泵 GA412A 停止,回流中断。

处理:手动开回流罐放空阀 PC101 泄压。

手动关进料阀 FIC101。

手动关出料阀 FC102 和 FC103。

手动关加热蒸汽阀 TC101。

开塔釜排液阀 V10 和回流罐泄液阀 V23,排不合格产品。

手动打开 LIC102,对 FA114 泄液。

当回流罐液位为 0 时,关闭 V23。

关闭回流泵出口阀 V17/V18。

关闭回流泵 GA424A/GA424B。

关闭回流泵入口阀 V19/V20。

待塔釜液位为 0 时,关闭泄液阀 V10。

待塔顶压力降为常压后,关闭冷凝器。

(5)回流泵故障。

原因:回流泵 GA412A 泵坏。

现象:GA412A 断电,回流中断,塔顶压力、温度上升。

处理:开备用泵入口阀 V20。

启动备用泵 GA412B。

开备用泵出口阀 V18。

关闭运行泵出口阀 V17。

停运行泵 GA412A。

关闭运行泵入口阀 V19。

(6)回流控制阀 FC104 阀卡。

原因:回流控制阀 FC104 阀卡。

现象:回流量减小,塔顶温度上升,压力增大。

处理:打开旁路阀 V14,保持回流。

5.2.5.4　仿真界面

图 5-9、图 5-10 分别为精馏塔 DCS 图界面和精馏塔现场图界面。

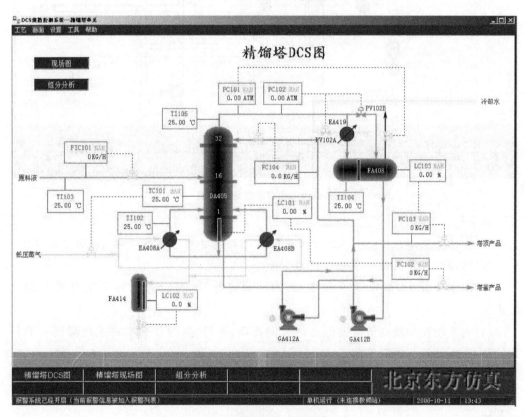

图 5-9 精馏塔 DCS 图界面

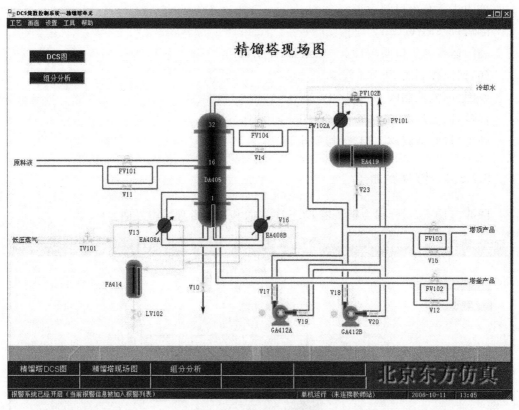

图 5-10 精馏塔现场图界面

思考题：

(1)什么叫蒸馏？在化工生产中分离什么样的混合物？蒸馏和精馏的关系是什么？

(2)精馏的主要设备有哪些？

(3)在本单元中，如果塔顶温度、压力都超过标准，可以有几种方法将系统调节稳定？

(4)当系统在一较高负荷突然出现大的波动、不稳定，为什么要将系统降到一低负荷的稳态，再从新开到高负荷？

(5)说明回流比的作用。

(6)若精馏塔灵敏板温度过高或过低，则意味着分离效果如何？应通过改变哪些变量来调节至正常？

(7)请分析本流程中如何通过分程控制来调节精馏塔正常操作压力的。

(8)根据本单元的实际，理解串级控制的工作原理和操作方法。

5.2.6 间歇反应釜单元操作

5.2.6.1 工艺流程说明

(1)工艺说明。

间歇反应在助剂、制药、染料等行业的生产过程中很常见。本工艺过程的产品 2-巯基苯并噻唑就是橡胶制品硫化促进剂 DM(2,2-二硫代苯并噻唑)的中间产品,它本身也是硫化促进剂,但活性不如 DM。

全流程的缩合反应包括备料工序和缩合工序。考虑到突出重点,将备料工序略去。则缩合工序共有三种原料,多硫化钠(Na_2S_n)、邻硝基氯苯($C_6H_4ClNO_2$)及二硫化碳(CS_2)。

主反应如下:

$2C_6H_4NClO_2 + Na_2S_n \rightarrow C_{12}H_8N_2S_2O_4 + 2NaCl + (n-2)S\downarrow$

$C_{12}H_8N_2S_2O_4 + 2CS_2 + 2H_2O + 3Na_2S_n \rightarrow 2C_7H_4NS_2Na + 2H_2S\uparrow + 2Na_2S_2O_3 + (3n-4)S\downarrow$

副反应如下:

$C_6H_4NClO_2 + Na_2S_n + H_2O \rightarrow C_6H_6NCl + Na_2S_2O_3 + (n-2)S\downarrow$

工艺流程如下:

来自备料工序的 CS_2、$C_6H_4ClNO_2$、Na_2S_n 分别注入计量罐及沉淀罐中,经计量沉淀后利用位差及离心泵压入反应釜中,釜温由夹套中的蒸气、冷却水及蛇管中的冷却水控制,设有分程控制 TIC101(只控制冷却水),通过控制反应釜温来控制反应速度及副反应速度,来获得较高的收率及确保反应过程安全。

在本工艺流程中,主反应的活化能要比副反应的活化能要高,因此升温后更利于反应收率。在 90 ℃的时候,主反应和副反应的速度比较接近,因此,要尽量延长反应温度在 90 ℃以上时的时间,以获得更多的主反应产物。

(2)设备一览。

R01:间歇反应釜;

VX01:CS_2 计量罐;

VX02:邻硝基氯苯计量罐;

VX03:Na_2S_n 沉淀罐;

PUMP1:离心泵。

5.2.6.2 间歇反应器单元操作规程

1.开车操作规程

本操作规程仅供参考,详细操作以评分系统为准。

装置开工状态为各计量罐、反应釜、沉淀罐处于常温、常压状态,各种物料均已备好,大部阀门、机泵处于关停状态(除蒸气联锁阀外)。

(1)备料过程:

1)向沉淀罐 VX03 进料(Na_2S_n)

①开阀门 V9,向罐 VX03 充液。

②VX03 液位接近 3.60 m 时,关小 V9,至 3.60 m 时关闭 V9。

③静置 4 min(实际 4 h)备用。

2)向计量罐 VX01 进料(CS_2)

①开放空阀门 V2。

②开溢流阀门 V3。

③开进料阀 V1,开度约为 50%,向罐 VX01 充液。液位接近 1.4 m 时,可关小 V1。

④溢流标志变绿后,迅速关闭 V1。

⑤待溢流标志再度变红后,可关闭溢流阀 V3。

3)向计量罐 VX02 进料(邻硝基氯苯)

①开放空阀门 V6。

②开溢流阀门 V7。

③开进料阀 V5,开度约为 50%,向罐 VX01 充液。液位接近 1.2 m 时,可关小 V5。

④溢流标志变绿后,迅速关闭 V5。

⑤待溢流标志再度变红后,可关闭溢流阀 V7。

(2)进料:

微开放空阀 V12,准备进料。

1)从 VX03 中向反应器 RX01 中进料(Na_2S_n)

①打开泵前阀 V10,向进料泵 PUM1 中充液。

②打开进料泵 PUM1。

③打开泵后阀 V11,向 RX01 中进料。

④至液位低于 0.1 m 时停止进料。关泵后阀 V11。

⑤关泵 PUM1。

⑥关泵前阀 V10。

2)从 VX01 中向反应器 RX01 中进料(CS_2)

①检查放空阀 V2 开放。

②打开进料阀 V4 向 RX01 中进料。

③待进料完毕后关闭 V4。

3)从 VX02 中向反应器 RX01 中进料(邻硝基氯苯)。

①检查放空阀 V6 开放。

②打开进料阀 V8 向 RX01 中进料。

③待进料完毕后关闭 V8。

4)进料完毕后关闭放空阀 V12。

（3）开车阶段：

1）打开阀门 V26、V27、V28、V29，检查放空阀 V12、进料阀 V4、V8、V11 是否关闭。打开联锁控制。

2）开启反应釜搅拌电机 M1。

3）适当打开夹套蒸气加热阀 V19，观察反应釜内温度和压力上升情况，保持适当的升温速度。

控制反应温度直至反应结束。

反应过程控制：

当温度升至 55～65 ℃左右关闭 V19，停止通蒸气加热。

当温度大于 75 ℃时，打开 TIC101 略大于 50，通冷却水。

当温度升至 110 ℃以上时，是反应剧烈的阶段，应小心加以控制，防止超温。当温度难以控制时，打开高压水阀 V20。并可关闭搅拌器 M1 以使反应降速。当压力过高时，可微开放空阀 V12 以降低气压，但放空会使 CS_2 损失，污染大气。

反应温度大于 128 ℃时，相当于压力超过 8 atm，已处于事故状态，如联锁开关处于"on"的状态，联锁启动（开高压冷却水阀，关搅拌器，关加热蒸气阀）。

压力超过 15 atm（相当于温度大于 160 ℃），反应釜安全阀作用。

（4）反应结束，出料：

1）当邻硝基氯苯浓度小于 0.1 mol/L 时可以反应结束，关闭搅拌器 M1。

2）开放空阀 V12，放可燃气。

3）开 V12 阀 5～10 s 后关 V12。

4）通增压蒸气，打开 V15、V13。

5）开蒸气出料阀 V14 片刻后关闭 V14。

6）开出料阀 V16，出料。

7）出料完毕，保持吹扫 10 s，关 V15。

2.热态开车操作规程

本操作规程仅供参考，详细操作以评分系统为准。

（1）反应中要求的工艺参数：

反应釜中压力不大于 8 atm。

冷却水出口温度不小于 60 ℃，如小于 60 ℃易使硫在反应釜壁和蛇管表面结晶，使传热不畅。

（2）主要工艺生产指标的调整方法：

1）温度调节：操作过程中以温度为主要调节对象，以压力为辅助调节对象。升温慢会引起副反应速度大于主反应速度的时间段过长，因而引起反应的产率低。升温快则容易反应失控。

2）压力调节：压力调节主要是通过调节温度实现的，但在超温的时候可以微开放空阀，使压力降低，以达到安全生产的目的。

3）收率：由于在 90 ℃以下时，副反应速度大于正反应速度，因此在安全的前提下快速升温是收率高的保证。

3．停车操作规程

本操作规程仅供参考，详细操作以评分系统为准。

在冷却水量很小的情况下，反应釜的温度下降仍较快，则说明反应接近尾声，可以进行停车出料操作了。

（1）打开放空阀 V12 5～10 s，放掉釜内残存的可燃气体。关闭 V12。

（2）向釜内通增压蒸气

①打开蒸气总阀 V15。

②打开蒸气加压阀 V13 给釜内升压，使釜内气压高于 4 atm。

（3）打开蒸气预热阀 V14 片刻。

（4）打开出料阀门 V16 出料。

（5）出料完毕后保持开 V16 约 10 s 进行吹扫。

（6）关闭出料阀 V16（尽快关闭，超过 1 min 不关闭将不能得分）。

（7）关闭蒸气阀 V15。

4．仪表及报警一览表

各参数详见表 5-6。

表 5-6　仪表及报警一览表

位号	说明	类型	正常值	量程高限	量程低限	工程单位	高报	低报	高高报	低低报
TIC101	反应釜温度控制	PID	115	500	0	℃	128	25	150	10
TI102	反应釜夹套冷却水温度	AI		100	0	℃	80	60	90	20
TI103	反应釜蛇管冷却水温度	AI		100	0	℃	80	60	90	20
TI104	CS2 计量罐温度	AI		100	0	℃	80	20	90	10
TI105	邻硝基氯苯罐温度	AI		100	0	℃	80	20	90	10
TI106	多硫化钠沉淀罐温度	AI		100	0	℃	80	20	90	10
LI101	CS2 计量罐液位	AI		1.75	0	m	1.4	0	1.75	0
LI102	邻硝基氯苯罐液位	AI		1.5	0	m	1.2	0	1.5	0
LI103	多硫化钠沉淀罐液位	AI		4	0	m	3.6	0.1	4.0	0
LI104	反应釜液位	AI		3.15	0	m	2.7	0	2.9	0
PI101	反应釜压力	AI		20	0	atm	8	0	12	0

5.2.6.3　事故设置一览

下列事故处理操作仅供参考，详细操作以评分系统为准。

(1)超温(压)事故。

原因:反应釜超温(超压)。

现象:温度大于 128 ℃(气压大于 8 atm)。

处理:开大冷却水,打开高压冷却水阀 V20;关闭搅拌器 PUM1,使反应速度下降。如果气压超过 12 atm,打开放空阀 V12。

(2)搅拌器 M1 停转。

原因:搅拌器坏。

现象:反应速度逐渐下降为低值,产物浓度变化缓慢。

处理:停止操作,出料维修。

(3)冷却水阀 V22、V23 卡住(堵塞)。

原因:蛇管冷却水阀 V22 卡。

现象:开大冷却水阀对控制反应釜温度无作用,且出口温度稳步上升。

处理:开冷却水旁路阀 V17 调节。

(4)出料管堵塞。

原因:出料管硫磺结晶,堵住出料管。

现象:出料时,内气压较高,但釜内液位下降很慢。

处理:开出料预热蒸气阀 V14 吹扫 5 min 以上(仿真中采用)。拆下出料管用火烧化硫磺,或更换管段及阀门。

(5)测温电阻连线故障

原因:测温电阻连线断。

现象:温度显示置零。

处理:改用压力显示对反应进行调节(调节冷却水用量)。升温至压力为 0.3～0.75 atm 就停止加热。升温至压力为 1.0～1.6 atm 开始通冷却水。压力为 3.5～4 atm 以上为反应剧烈阶段。反应压力大于 7 atm,相当于温度大于 128 ℃,处于故障状态。反应压力大于 10 atm,反应器联锁启动。反应压力大于 15 atm,反应器安全阀启动。(以上压力为表压)。

5.2.6.4　仿真界面

图 5-11、图 5-12 分别为间歇反应釜 DCS 图界面、间歇反应釜现场图界面。

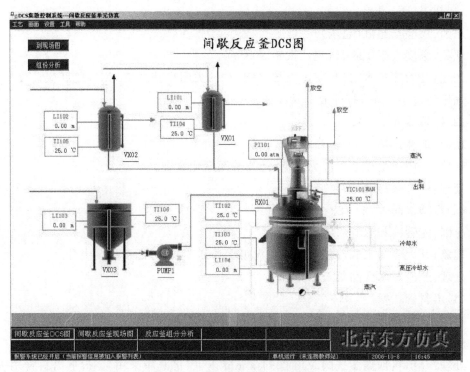

图 5-11 间歇反应釜 DCS 图界面

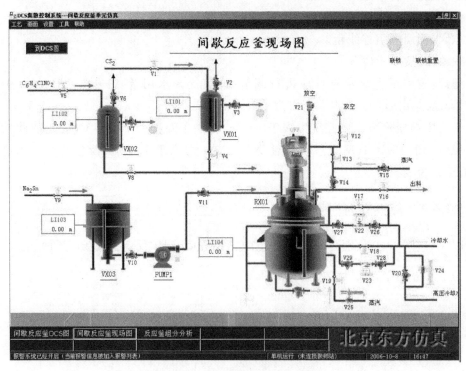

图 5-12 间歇反应釜现场图界面

5.3 聚氯乙烯 3D 虚拟仿真

5.3.1 工艺简介

5.3.1.1 生产简介

1.主要生产方法简介

工业上制备氯乙烯的方法主要有乙炔法、联合法、乙烯氧氯化法、乙烯平衡氧氯化法等。

乙炔法：乙炔与氯化氢反应生成氯乙烯是最早实现工业化的方法，乙炔可由电石（碳化钙）与水作用制得。此法能耗大，目前用此法生产氯乙烯制造 PVC（聚氯乙烯）树脂主要集中在我国，占我国 PVC 树脂总量的一半以上。

联合法：由石油裂解制得的乙烯经氯化后生成二氯乙烷，然后在加压条件下将其加热裂解，脱去氯化氢后得到氯乙烯，副产品氯化氢再与乙炔反应又制得氯乙烯。

乙烯氧氯化法：使用乙烯、氯化氢和氧气反应得到二氯乙烷和水，二氯乙烷再经裂解，生成氯乙烯。副产的氯化氢在回收到氧氯化工段，继续反应。

乙烯平衡氧氯化法：是将直接氯化和氧氯化工艺相结合。乙烯与氯反应生成二氯乙烷，二氯乙烷裂解产生氯乙烯和氯化氢。氯化氢与乙烯和氧气反应又生成二氯乙烷，二氯乙烷裂解再产生氯乙烯和氯化氢。氯化氢回收后，继续参与氧氯化反应。

20 世纪 90 年代以后，国外先后开发了一些生产氯乙烯单体的新工艺。例如开发出不产生水的直接氯化/氯化氢氧化工艺；使用最便宜的乙烷作原料，直接氧氯化生产氯乙烯单体的技术；二氯乙烷/纯碱工艺生产氯乙烯单体的新技术路线等。

聚氯乙烯的聚合方法从乳液聚合、溶液聚合发展到本体聚合、悬浮聚合、微悬浮聚合等。

本体聚合：一般采用"两段本体聚合法"。第一段称为预聚合，采用高效引发剂，在 62～75 ℃温度下，强烈搅拌，使氯乙烯聚合的转化率为 8％时，输送到另一台聚合釜中，再加入含有低效引发剂的等量新单体，在约 60 ℃温度下，慢速搅拌，继续聚合至转化率达 80％时，停止反应。本体聚合氯乙烯单体中不加任何介质，只有引发剂。因此，此法生产的 PVC 树脂纯度较高，质量较优，其构型规整，孔隙率高而均匀，粒度均一。但聚合时操作控制难度大，PVC 树脂的分子量分布一般较宽。

悬浮聚合：液态氯乙烯单体以水为分散介质，并加入适当的分散剂和不溶于水而溶于单体的引发剂，在一定温度下，借助搅拌作用，使其呈珠粒状悬浮于水相中进行聚合。聚合完成后经碱洗、汽提、离心、干燥得到白色粉末状的 PVC 树脂。选取不同的悬浮分散剂，可得到颗粒结构和形态不同的两类树脂。国产牌号分为 SG-疏松型（"棉花球"

型)树脂;XJ-紧密型("乒乓球"型)树脂。疏松型树脂吸油性好,干流动性佳,易塑化,成型时间短,加工操作方便,适用于粉料直接成型,因而一般选用悬浮法聚合的疏松型树脂,作为PVC制品成型的基础原料。目前各树脂厂所生产的悬浮法PVC树脂,基本上都是疏松型的。

乳液聚合:氯乙烯单体在乳化剂作用下,分散于水中形成乳液,再用水溶性的引发剂来引发,进行聚合,乳液可用盐类使聚合物析出,再经洗涤、干燥得到PVC树脂粉末,也可经喷雾干燥得到糊状树脂。乳液法PVC树脂粒径极细,树脂中乳化剂含量高,电绝缘性能较差,制造成本高。该树脂常用于PVC糊的制备。因此,该法生产出来的树脂俗称糊树脂。

微悬浮聚合:像悬浮法那样使用油溶性引发剂,在用乳化剂分散、稳定的细小氯乙烯单体液滴中引发聚合,生成适当粒径的PVC乳液,经破乳、洗涤、干燥后得到PVC树脂粉末。

制备 $0.1\sim2\,\mu m$ 粒径范围的氯乙烯单体乳液是微悬浮聚合法的关键,一般称这一过程为均化过程。此种是生产PVC糊用树脂的另一种方法,该法生产的树脂具有良好的加工性能。

溶液聚合法:以甲醇、甲苯、苯、丙酮作溶剂,使氯乙烯单体在溶剂中聚合,由于溶剂具有链转移剂作用,所以溶液聚合物的分子量和聚合速率均不高。聚合得到的PVC树脂因不溶于溶剂而不断析出。此种PVC树脂不宜于作一般成形用,仅作为涂料、黏合剂与乙酸乙烯酯等共聚时使用。是目前各种聚合方法中产量最少的一种方法。

几种方法尽管聚合工艺不同,但聚合反应机理相同,都是自由基聚合。在使用这些方法生产的树脂中,悬浮法产量最大,而且由于悬浮聚合法设备投资和生产成本低,应用领域宽,目前各种聚合方法的发展方向是逐步向悬浮聚合生产路线倾斜。一些过去采用其他方法生产的树脂品种,已开始采用悬浮聚合工艺生产。国外目前以悬浮聚合(占80%~85%)和二段本体聚合为主;国内目前以悬浮聚合为主,少量采取乳液聚合法。本仿真流程采用悬浮聚合法。将各种原料与助剂加入到反应釜内在搅拌的作用下充分均匀分散,然后加入适量的引发剂开始反应,并不断地向反应釜的夹套和挡板通入冷却水,达到移出反应热的目的,当氯乙烯转化成聚氯乙烯的百分率达到一定时,出现一个适当的压降,即终止反应出料,反应完成后的浆料经汽提脱析出内含VC后送到干燥工序脱水干燥。

2.悬浮聚合的反应机理

氯乙烯悬浮聚合反应,属于自由基链锁加聚反应。

它的反应机理包括链引发,链增长,链转移,链终止几个步骤。

链引发。链引发是形成单体自由基活性中心的反应,通常包括两个步骤:第一步一般是引发剂的均裂反应,产生初级自由基 R·;第二步是初级自由基和氯乙烯加成,形成单体自由基 M·。

链增长。链引发阶段形成的单体自由基,不断地加成单体分子,构成链增长反应。

链终止。增长的活性链带有独电子,当两个链自由相遇时独电子消失而使链终止。

链转移。在自由基聚合过程当中链自由基有可能从单体、引发剂、溶剂或大分子上夺取一个原子而终止,而这些失去原子的分子则变成自由基,继续增长。这种把活性种转移给另一个分子使反应继续下去,而原来活性种本身反应却终止的反应称作链转移反应。

5.3.1.2　影响聚合反应的因素

1.温度

聚合反应的温度对聚合反应的速度有很大的影响,温度升高使氯乙烯分子的运动加快。引发剂的分解速度、链增长速度都随之加快,促使整体反应速度加快。由于反应速度加快,放出的热量增多,如不及时将反应热移出,将导致操作控制困难,甚至会产生爆炸性的聚合危险。

从聚合反应机理可以看出,向单体链转移反应是决定聚氯乙烯聚合度的主要反应。而这种主要反应和温度有直接的关系。在正常的聚合反应温度控制范围内,聚氯乙烯的平均分子量与引发剂浓度、转化率关系不大,而主要取决于温度。这是因为链转移的活化能要大于链增长反应的活化能,当温度增加时,链转移的常数增加,平均聚合度也就降低了。

一般温度波动在 ±2 ℃,平均聚合度相差 336,分子量相差21 000左右,所以在工业生产时,如不使用链调节剂,聚合温度几乎是控制聚氯乙烯分子量的唯一因素。所以必须严格控制聚合反应的温度,以求得不同聚合度和分子量分布均匀的产品。

2.搅拌

在氯乙烯悬浮聚合中,搅拌是个主要的条件。它提供一定的剪切力,保证一定的循环次数使能量分布均匀。

由搅拌桨叶旋转所产生的剪切力可以使单体均匀地分散并悬浮成微小的液滴。因此剪切力大的搅拌形成的液滴就越小。

3.转化率

要获得疏松树脂,最终转化率大多控制在 85％以下,甚至在 80％～82％。转化率小于 75％时,VCM-PVC 体系以两相存在:一相是接近纯单体相,另一相是 PVC 被氯乙烯所溶胀的聚氯乙烯富相。这阶段纯单体相的饱和蒸气压加上水的蒸气压,就等于聚合釜操作压力,PVC 颗粒内外压力相平衡。转化率大于 75％时,纯单体相消失,大部分氯乙烯溶胀在聚氯乙烯的富相内,其产生的 VCM 分压将低于 VCM 饱和蒸气压或釜的操作压力。继续聚合时,外压将大于颗粒内压。颗粒塌陷,表皮折叠起皱,破裂,新形成的聚氯乙烯逐步充满粒内和表面的孔隙,而使孔隙率降低。同时,体积收缩吸塑包装、紧裹粒子,使结构致密。因此欲制得疏松型树脂,除分散剂、搅拌等条件合适外,最终转化率应控制在 85％以下。

4.分散剂

选择分散剂应具备降低界面张力有利于液滴分散和具有保护能力以减弱液滴或颗粒聚并的双重作用。在氯乙烯悬浮聚合中单一分散剂很难满足上述双重作用的要求,为了制得颗粒疏松匀称、粒度分布窄、表观密度适合的 PVC 树脂,往往采用两种以上的分散剂复合使用,甚至可以添加少量的表面活性剂作辅助分散剂。

分散剂在 PVC 颗粒表面形成皮膜。在聚合初期,水相中分散剂迅速吸附在单体液滴表面,其浓度相应降低。最后形成皮膜。

5.3.1.3　工艺流程简介

聚氯乙烯生产过程由聚合、PVC 汽提、VCM 处理、废水汽提、脱水干燥、VCM 回收系统等部分组成。同时还包括主料、辅料供给系统、真空系统等。其生产流程见图5-13。

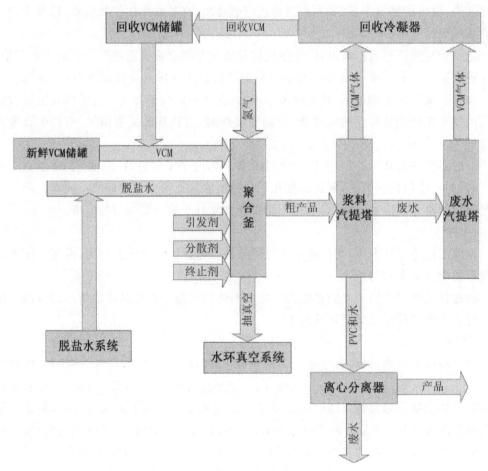

图 5-13　PVC 生产流程示意框图

1.抽真空系统

聚合釜(R101)在加料之前必须进行氮气吹扫和抽真空。在抽真空之前应把聚合釜(R101)上的所有的阀门和入孔都关闭好,釜盖锁紧环置于锁紧的位置上。检查一下抽真空系统是否具备开车的条件,相关的手阀是否处在正确的位置上,打开聚合釜抽真空阀,开启抽真空系统。开始抽真空,直到聚合釜中压力降到真空状态。然后关闭抽真空阀,检查真空情况。出料槽(V201)和汽提塔进料槽(V202)抽真空的方法与聚合釜(R101)抽真空的方法大致相同,区别仅在于打开或关闭有关的抽真空管道上的阀门。

2.进料,聚合

在聚合釜开始加料之前,需用一种特殊的溶液喷涂聚合釜的内壁,涂料粘在聚合釜内壁和内部部件上,使在正常情况下经常发生的粘壁现象降到最低程度。这样就可以降低聚合釜的开盖频率,减少清釜次数。首先对反应釜(R101)在密闭条件下进行涂壁操作在聚合釜的釜壁和挡板上,形成一层疏油亲水的膜,从而减轻了单体 VCM 在聚合过程中的黏釜现象,然后再开始进行投料生产。然后将脱盐水注入反应器(R101)内。启动反应器的搅拌装置,等待各种其他助剂的进料,水在氯乙烯悬浮聚合中使搅拌和聚合后的产品输送变得更加容易,另外它也是一种分散剂,能影响 PVC 颗粒的形态。然后加入的是引发剂,氯乙烯聚合是自由基反应,而对烃类来说只有温度在 $400\sim500$ ℃以上才能分裂成为自由基,这样高的温度远远超过了聚合的正常温度,不可能得到高分子,因而不能采用热裂解的方法来提供自由基。而是应采用某些可在较适合的聚合温度下,能产生自由基的物质来提供自由基。如偶氮类、过氧化物类物质。接下来再加入分散剂,它的作用是稳定由搅拌形成的单体油滴,并阻止油滴相互聚集或合并。氯乙烯原料包括两部分,一是来自氯乙烯车间的新鲜氯乙烯,二是聚合后回收的未反应的氯乙烯。新鲜单体和回收单体都是用来进行聚合釜加料,二者的配比是可调整的,但通常控制在 3∶1。一般情况下,回收单体的加料量是取决于回收单体加料时贮槽中单体的量。单体分别由加料泵(P101)从新鲜单体贮槽(V101)和从回收单体贮槽中抽出,再打入到聚合釜(R101)中。二者在搅拌条件下进行聚合反应,控制反应时间和反应温度。将冷却水或热蒸气通入釜内冷却挡板和夹套,其目的在于移出反应热,维持恒定的反应温度。反应温度是通过在聚合反应过程中,调节通过挡板和夹套的冷却水流量进行调节控制的。这个聚合釜调节器的输出信号作为一个设定点,输入到副调节器。这个调节器就会去检测夹套出口水温,打开夹套调节阀,直到达到温度设定点为止。在正常情况下,通过调节夹套冷却水的流量,即可控制聚合反应温度。

当聚合反应到达预定的终止点时,或当聚合釜内的聚合反应进行到比较理想的转化率时,PVC 的颗粒形态结构性能及疏松情况最好,希望此时进行泄料和回收而不使反应继续进行下去,就要加入终止剂使反应立即终止。当加料时由于某些加料程序不正常、聚合反应特别剧烈而难以控制时,或是釜内出现异常情况,或者设备出现异常等,都可加入终止剂使反应减慢或是完全终止。反应生成物称为浆料,转入下道工序,并放空聚合反应釜(R101)。

3.浆料汽提

当已做好 PVC 浆料输送准备,并确信这釜料的质量是合格的,可将浆料输送到以下的两个槽:出料槽(V201)和汽提塔进料槽(V202)。出料前,打开浆料出料阀和聚合釜底阀,启动相应的浆料泵(P201)。出料槽(V201)既是浆料贮槽,又是氯乙烯脱气槽。通常,单体回收不在釜中进行,只有当物料不通过汽提塔和已知釜内物料质量不好,需采取特殊处理方法时,才采用这种釜内回收单体的方法。随着浆料不断地打入这个出料槽(V201),槽内的压力会不断升高,此时将装在出料槽蒸汽回收管道上的调节阀打开。氯乙烯蒸汽管道上的调节阀,可以防止回收系统在高脱气速率下发生超负荷现象。有效地控制出料槽(V201)的贮存量,是达到平稳、连续操作的关键。出料槽(V201)的体积应不仅能容纳下一釜输送来的物料加上冲洗水的量,又能保证稳定不间断地向浆料汽提塔加料槽(V202)供料。可以根据聚合釜(R101)送料的情况和物料贮存的变化,慢慢地调整汽提塔供料的流量。浆料在出料槽(V201)中经过部分单体回收后,经出料槽浆料输送泵(P202)打入汽提塔进料槽(V202)中。再由汽提塔加料泵(P203)送至汽提塔(T201)。汽提塔的浆料流量可以用流量计测得,其流量可以通过装在通向汽提塔的浆料管道上的流量调节阀进行控制。浆料供料进入到一个螺旋板式热交换器(E201)中,并在热交换器中被从汽提塔(T201)底部来的热浆料预热。这种浆料之间的热交换的方法可以节省汽提所需的蒸汽,并能通过冷却汽提塔浆料的方法,缩短产品的受热时间。带有饱和水蒸气的氯乙烯蒸气,从汽提塔(T201)的塔顶逸出,进入到一个立式列管冷凝器(E301)中,绝大部分的水蒸气可以在这个冷凝器中冷凝。液相与气相物料在冷凝器(E301)底部分离,被水饱和的氯乙烯从这个汽提塔冷凝器(E301)的侧面逸出,进入连续回收压缩机(C302)系统当中;冷凝液则被打入废水槽(V401)中,集中处理。PIC301可以自动调节氯乙烯气体出口的流量,来调节汽提塔(T201)的塔顶压力,来稳定汽提塔内的压力。经过汽提后的浆料,将从汽提塔底部打出,经过浆料汽提塔热交换器(E201)后,打入浆料混料槽(V601)。在通向浆料混料槽的浆料管道上,装有一个液位调节阀,通过控制这个调节阀,调节 T201 浆料出口流量,控制使塔底浆料的液位维持在一定的高度。

4.干燥

浆料混合槽(V601)的作用主要有两个:一是离心机加料的浆料缓冲槽;二是将每个批次的浆料进行充分混合,使 PVC 产品的内在指标稳定,减小波动。从而有利于下游企业的深加工,保证塑料制品的质量稳定。离心机加料泵(P601)将 PVC 浆料由浆料混合槽(V601)送至离心机(F601),以离心方式对物料进行甩干,由浆料管送入的浆料在强大的离心作用下,密度较大的固体物料沉入转鼓内壁,在螺旋输送器推动下,由转鼓的前端进入 PVC 储罐,母液则由堰板处排入沉降池。

5.废水汽提

含有饱和 VCM 的废水,送到一个废水汽提塔中汽提,在将废水排入下水之前把水中的 VCM 汽提出来。去废水汽提塔的废水的缓冲能力是由一个碳钢的废水储罐(V401)提供的。其废水来源有几个方面:来自 V302;来自 V303;来自 E301。

这些废水首先送入废水储槽,在该废水储罐上装有一个液位指示器,用来调整废水汽提塔的加料流量,使废水储槽液位处于安全位置。废水进料泵(P401),可将废水从废水储罐中打入,经废水热交换器(E401)送入废水汽提塔(T401)。在通向汽提塔的供料管道上,装有一个流量调节器,可将流量维持在预定的设定点上。热交换器(E401)可利用从废水汽提塔内排出的热水预热入塔前的供料废水。这样,可以降低汽提塔的蒸汽用量。废水从废水汽提塔(T401)的塔顶加入,流经整个汽提塔,废水中的氯乙烯得到汽提后,废水从塔底部排出。经汽提后的废水集存在塔釜内,经热交换器(E401)后,排入废水池中。操作条件应根据塔压,预定的废水供入流量以及为维持塔顶温度平衡的蒸汽流量而确定。根据经验,操作压力过高会导致废水汽提塔内积存过多的PVC。为了防止废水贮槽中的废水溢流,汽提塔供料流量应随时调节。然后,根据废水供料流量,相应地调整进入汽提塔的蒸汽流量,并使其达到预定的塔顶温度。

6.氯乙烯回收

在正常情况下,氯乙烯的回收不在聚合釜(R101)内进行,绝大部分的氯乙烯是在出料槽(V201)及浆料储槽(V202)中得到回收,剩余的氯乙烯将在汽提塔(T201和T401)中得到回收。在浆料打入出料槽(V201)时,该槽上的回收阀门VI3V201打开,浆料回收物料管道上的截止阀打开,通过间歇回收压缩机(C301)氯乙烯蒸气进入密封水分离器,把浆料中的残存氯乙烯分离出来。

从工艺过程中回收来的氯乙烯气体,将通过氯乙烯主回收冷凝器(E701)进入氯乙烯回收缓冲罐(V701)。如果冷凝器的操作压力达不到足以将氯乙烯的露点升高到冷凝器的冷却水温度的水平时,氯乙烯在主回收冷凝器内就不能有效地被冷凝。因此在该系统中装一个压力调节器,来进一步控制氯乙烯缓冲罐(V701)的压力。当V701中压力低时,这个压力调节阀便开始关闭,限制排入尾气冷凝器的供料流量。随着这个压力调节阀的关闭,氯乙烯主回收冷凝器中的压力将开始不断升高,使除流入尾气冷凝器以外的所有蒸气都能冷凝下来。氯乙烯主回收冷凝器(E701)的单体出料量由一个液位调节阀来进行调节控制。其液位调节器将氯乙烯回收缓冲罐(V701)的液位控制恒定。冷凝器冷凝下来的液相单体进入一个回收单体储罐(V702)中。

5.3.1.4　复杂控制说明

1.串级控制

如果系统中不止采用一个控制器,而且控制器间相互串联,一个控制器的输出作为另一个控制器的给定值,这样的系统称为串级控制系统。

间歇釜R101釜内温度控制TIC101和间歇釜夹套温度控制TIC102构成串级,TIC101是主表,TIC102是副表。TIC102是调节蒸汽与冷却水进料量,通过两者流量的调节进而控制间歇釜和夹套的温度变化。

2.分程控制

R101温度由调节器TIC102分程控制在64 ℃,当温度低于64 ℃,控制器TIC102开度小于50%,加热升温;当温度高于64 ℃,调节器TIC102大于等于50%,调节阀TV102A开度为0,TV102B开度增大降温换热。

5.3.2 工艺卡片

5.3.2.1 设备列表

设备信息详见表 5-7。

表 5-7 设备列表

位号	名称	位号	名称
V101	新鲜氯乙烯储罐	V201	出料槽
V202	汽提塔进料槽	V301	缓冲罐
V302	密封水分离器	V303	密封水分离器
V401	废水储罐	V701	回收氯乙烯缓冲罐
V502	真空分离罐	R101	聚合反应釜
V702	回收氯乙烯储罐	T401	废水汽提塔
T201	浆料汽提塔	E301	冷凝器
E201	浆料热交换器	E302	换热器
E701	主回收冷凝器	E303	换热器
V601	浆料混合槽	E501	换热器
F601	离心分离器	E702	尾气冷凝器
P101A/B	新鲜氯乙烯输送泵	P102A/B	冷却水输送泵
P201A/B	浆料输送泵	P202A/B	浆料输送泵
P203A/B	汽提塔加料泵	P204A/B	汽提塔底泵
C301	间歇回收液环式压缩机	C302	连续回收液环式压缩机
P401A/B	废水进料泵	C501	液环式真空泵
P601A/B	离心进料泵	P701A/B	回收氯乙烯输送泵
X101	气液混合器	C602	引风机
E401	换热器	V501	真空系统缓冲罐

5.3.2.2 控制仪表和显示表

控制仪和显示表信息分别详见表 5-8、表 5-9。

表 5-8 控制仪表

点名	单位	正常值	描述
FIC201	kg/h	7 001.30	T201 的进料量控制
FIC202	kg/h	5 000.00	T201 的蒸汽进料量控制

续表

点名	单位	正常值	描述
FIC401	kg/h	8 759.03	T401 的进料量控制
FIC402	kg/h	6 000.00	T401 蒸汽的进料量控制
PIC201	MPa	0.50	V201 槽内压力控制
PIC301	MPa	0.50	换热器 E301 内的压力控制
PIC302	MPa	0.56	V302 的出口压力控制
PIC303	MPa	0.56	V303 的出口压力控制
PIC701	MPa	0.50	V701 内的压力控制
TIC101	℃	64.00	聚合反应釜的温度控制
TIC102	℃	56.00	反应釜夹套内的温度控制
TIC201	℃	110.00	PVC 汽提塔的温度控制
LIC101	%	50.00	新鲜氯乙烯储槽液位控制
LIC201	%	50.00	T201 液位控制
LIC301	%	50.00	换热器液位控制
LIC302	%	50.00	V303 液位控制
LIC303	%	50.00	V302 液位控制
LIC401	%	50.00	废水汽提塔液位控制
LIC501	%	50.00	V502 液位控制
LIC701	%	50.00	V701 液位控制
LIC702	%	50.00	氯乙烯回收槽液位控制

表 5-9　显示表

点名	单位	正常值	描述
PI201	MPa	1.2	P201 泵出口压力
PI202	MPa	0.5	V201 内部压力
PI203	MPa	1.2	P202 泵出口压力
PI204	MPa	0.5	V202 内部压力
PI205	MPa	1.0	P203 泵出口压力
PI206	MPa	2.0	P204 泵出口压力
PI207	MPa	0.5	T201 内部压力
PI301	MPa	1.2	C301 出口压力
PI303	MPa	1.2	C302 出口压力
PI305	MPa	0.2	V301 内部压力
PI402	MPa	0.6	T401 内部压力

点名	单位	正常值	描述
PI501	MPa	-0.05	V501 内部压力
PI502	MPa	0.2	V502 内部压力
TI201	℃	64	V201 内部温度
TI202	℃	61	V202 内部温度
TI203	℃	90	T201 液相进口温度
TI301	℃	64	V303 内部温度
TI302	℃	64	V302 内部温度
TI401	℃	90	T401 内部温度
TI402	℃	64	T401 气体出口温度
LI401	％	50	V401 液位
LI601	％	50	V601 液位

5.3.3　操作规程

5.3.3.1　开车操作规程

(1)真空系统的准备。

打开阀门 VI1V502,给 V502 加水;待液位接近 50％左右,关闭 VI1V502,打开阀门 LV501 及其前后阀,并将 LIC501 投自动,控制 V502 液位在 50％左右,若液位过高,可通过液位调节阀 LV501 排往 V503;打开阀门 VI1E501,给 E501 换热。

(2)反应器的准备。

打开 VI10R101,开度在 50％左右,给反应器 R101 充 N$_2$;当 R101 压力达到 0.5 MPa 后,关闭 N$_2$ 阀门 VI10R101;打开阀门 VO1R101、VI1V501;打开阀门 VO2V502,给真空泵灌液 VO2V502;启动液环式真空泵 C501,分别打开泵后排气阀、泵前进气阀;给 VO1V502 适当的开度在 40％左右,维持其内部压力是 0.2 MPa 左右;给 R101 抽真空至-0.02 MPa 左右;关闭真空泵进气阀、排气阀,停真空泵 C501;关闭阀门 VO2V502、VO1R101;打开阀门 VI4R101,给反应器涂壁;待涂壁剂进料量满足 0.58 kg 左右时,关闭阀门 VI4R101,停止涂壁。

(3)V201/V202 的准备。

打开 VI2V201,给反应器 V201 充 N$_2$;打开 VI2V202,给反应器 V202 充 N$_2$;V201 压力达到 0.5 MPa 后,关闭 VI2V201;V202 压力达到 0.5 MPa 后,关闭 VI2V202;打开阀门 VO1V201 给 V201 抽真空;打开阀门 VO1V202 给 V202 抽真空;打开阀门 VO2V502。

启动液环式真空泵 C501,打开 C501 的入口阀、出口阀;给 VO1V502 适当的开度,维持 V502 内部压力是 0.2 MPa。

V201 抽真空至 −0.02 MPa 左右,关闭阀门 VO1V201 停止抽真空。V202 抽真空至 −0.02 MPa 左右,关闭阀门 VO1V202 停止抽真空;关闭液环式真空泵入口阀、出口阀,停泵 C501,关闭阀门 VO2V502、VI1V501。

(4)压缩机系统的准备。

打开阀门 VI2V303,向密封水分离罐 V303 中注入水控制液位为 40% 左右;打开阀门 VI1V302,向密封水分离罐 V302 中注入水控制液位为 40% 左右;V302 进密封水结束后,关闭 VI1V302;V303 进密封水结束后,关闭 VI2V303;保持密封水分离罐 V302 的液位在 40% 左右;保持密封水分离罐 V303 的液位在 40% 左右。

(5)反应器加料。

打开阀门 VI1R101 给反应器加水,控制水的进料量在 2 856.18 kg 左右;按照建议进料量,水进料结束后,关闭 VI1R101;启动搅拌器开关,开始搅拌。

打开阀门 VI3R101,加分散剂约 1.33 kg;按照建议进料量,分散剂进料结束后,关闭 VI3R101;打开阀门 VI5R101,加缓冲剂约 1.73 kg;按照建议进料量,缓冲剂进料结束后,关闭 VI5R101;给新鲜氯乙烯罐加料,打开 LV101 前阀、LV101 后阀、LV101;打开 VI2R101,给反应器加引发剂约 0.46 kg;按照建议进料量,引发剂进料结束后,关闭 VI2R101;LIC101 目标值设为 50%(随着 V101 液位上升,调小 LIC101 开度,接近 50% 时 LIC101 投自动);打开泵 P101A/B 入口阀;V101 液位达到 30% 左右后,启动 P101A/B 给反应器加氯乙烯单体。

打开泵 P101A/B 出口阀;打开阀门 VI7R101;打开阀门 VI8R101。

控制氯乙烯的进料量在 1 380 kg 左右;按照建议进料量,氯乙烯进料结束后,关闭 VI7R101、VI8R101;进料结束后,关闭泵 P101A/B 出口阀。

进料结束后,关闭泵 P101A/B;进料结束后,关闭泵 P101A/B 入口阀;关闭阀门 LV101 及其前后阀。

注:反应釜加料要按序,在加入一定量的脱盐水后,启动搅拌,加入引发剂、分散剂、缓冲剂,然后加入氯乙烯单体。

(6)反应温度控制。

打开 R101 冷却水入口阀 TV102B 及其前后阀;打开泵 P102A/B 入口阀;启动泵 P102A/B;打开泵 P102A/B 出口阀;打开蒸汽入口阀 TV102A 及其前后阀。

缓慢调节 TIC102 的开度在 38% 左右,使反应釜及夹套升温相对比较平稳;当反应釜温度接近 64 ℃,同时夹套出口温度达到 56 ℃时,TIC102 投串级,TIC101 投自动,反应釜温度 TIC101 设定值为 64 ℃。

聚合釜压力不得大于 1.25 MPa,若压力过高,打开 VO2R101。

(7)R101。

出料待转化率达到 85%(转化率对生成物影响很大,切忌过高转化率);反应釜出现约 0.4 MPa 左右的压力降后,打开终止剂阀门 VI6R101;立即关闭蒸汽及冷却水,同时终止剂加量约 0.50 kg;按照建议进料量,终止剂进料结束后,关闭 VI6R101;停止搅拌;关闭泵 P102A/B 出口阀;关闭泵 P102A/B;关闭泵 P102A/B 入口阀;关闭 TV102A、TV102B 的前后阀;打开泵 P201A/B 入口阀;启动泵 P201A/B;打开泵 P201A/B 出口阀;打开阀门 VI3V201。

(8)V201/V202 操作。

打开阀门 VI1V201,向 V201 注入消泡剂。

1 min 后关闭阀门 VI1V201(仿真中缩短为 15 s),停止向 V201 注入消泡剂;打开 VI2V303,打开换热器 E303 冷水阀 VI1E303。

打开 LV302 前阀、后阀,调节 LV302 开度在 50% 左右,控制 V303 的液位在 50%。

打开 PV201 前阀、后阀及 PV201,控制 V201 压力 PIC201 在 0.5 MPa;若压力大于 0.5 MPa,可打开 VO1V201、VI1V501 向 V501 泄压。

打开 VO3V303;启动液环式压缩机 C301;打开液环式压缩机 C301 入口阀。

打开液环式压缩机 C301 出口阀。

缓慢调节 VI1V303 的开度,控制 V301 的压力在 0.2 MPa,C301 出口压力在 1.2 MPa;打开 PV303 前后阀,控制 PIC303 在 0.56 MPa。

打开泵 P202A/B 入口阀。

当 V201 的液位大于 40% 时,启动泵 P202A/B;打开泵 P202A/B 出口阀;打开阀门 VI3V202。

如果 V201 液位低于 1%,关闭泵 P202A 出口阀;关闭泵 P202A;关闭泵 P202A 入口阀;关闭阀门 VI3V202。

打开 E301 的冷却水进口阀 VI1E301;打开泵 P203A/B 入口阀。

当 V202 液位在 50% 左右时,启动 T201 进料泵 P203A/B;打开泵 P203A/B 出口阀。逐渐打开流量控制阀 FV201 及其前后阀;

FIC201 显示值在 7 001.3 kg/h;V201 压力控制在 0.5 MPa。

V202 压力控制在 0.5 Mpa,若压力大于 0.5 MPa,可打开 VO2V202 向 V301 泄压; VO2V202 开度在 40% 左右。

(注:待 R101 泄料完毕后关闭泵 P201A/B 出口阀,关闭泵 P201A/B,关闭泵 P201A/B 入口阀,关闭阀门 VI3V201,可将釜内气相排往 V201 或通过抽真空排出, R101 卸料完毕后摘除串级,保证 TV102A 前后阀、TV102B 前后阀处于关闭状态。)

(9)T201 的操作。

逐渐打开 FV202 及其前后阀,慢慢调节蒸气阀开度在 50% 左右;打开泵 P204A/B 入口阀。

当 T201 液位在 30% 左右时,启动泵 P204A/B;打开泵 P204A/B 出口阀。

打开 T201 液位控制阀 LV201 及其前后阀,缓慢向 V601 泄料;待液位稳定在 50% 左右时,T201 液位控制器 LIC201 投自动;T201 液位控制设定值为 50%。

打开 PV301 前后阀,缓慢调节 PV301 开度在 50% 左右。

将 T201 的压力控制在 0.5 MPa 左右,PIC301 投自动;打开换热器 E302 的冷凝水入口阀 VI1E302。

打开 VI1V302、VO3V302。

启动压缩机 C302;打开液环式压缩机 C302 入口阀;打开压缩机 C302 出口阀。

打开 LV301 前后阀及 LV301,E301 液位控制 LIC301 投自动。

E301 液位控制在 50% 左右。

T201 液位升到 50% 左右时,调节蒸气进料流量 5 000 kg/h 左右;

待 T201 塔温升高到 110 ℃,将 FIC202 投串级,TIC201 投自动,设定值为 110 ℃。

开 PV302 前后阀,当 PIC302 压力达到 0.5 MPa 左右时,调节 PV302 的开度,控制 PIC302 在 0.56 MPa。

打开 LV303 及其前后阀,V302 液位控制 LIC303 投自动,V302 液位控制在 50% 左右;冷凝水去废水储槽,打开 VO1V401。

(10)浆料成品的处理。

打开 C602 后阀,启动 C602,打开 C602 前阀。

当 V601 内液位达到 15% 以上时,启动离心分离系统的进料泵 P601A/B(先开前阀,启泵,开后阀)。

启动离心机 F601,向外输送合格产品。

(11)废水汽提。

当 V401 内液位达到 50% 左右时,打开泵 P401A/B(先开入口阀,启动泵,开出口阀),向设备 T401 注废水;逐渐打开流量控制阀 FV401 及其前后阀,流量控制在 8 759.03 kg/h,注意保持 V401 液位不要过高。逐渐打开流量控制阀 FV402 及其前后阀,流量控制在 6 000 kg/h,注意保持 T401 温度在 90 ℃ 左右;逐渐打开液位控制阀 LV401 及其前后阀,当 T401 液位稳定在 50% 左右时,LIC401 投自动。

V401 液位控制在 40%～60% 左右。

T401 压力控制在 0.6 MPa 左右,若压力超高,可调节阀门 VO1T401 的开度向 V701 泄压;打开 VI1T401,调节其开度在 50% 左右,保持 TI402 显示温度在 64 ℃。

通过调整蒸汽量,使 T401 温度保持在 90 ℃ 左右。

(12)VCM 回收。

向 V701 通气体之前先打开 VI1E701、VI1E702,通冷却水。

打开 PV701 及其前后阀,未冷凝的氯乙烯进入换热器 E702 进行二次冷凝。

V701 压力控制在 0.5 MPa 左右,PIC701 投自动,设定值为 0.5。

打开 LV701 前后截止阀,打开 LV701,调节 LV701 开度在 50% 左右;液位控制表 LIC701 投自动,设定值为 50%,冷凝后的 VC 进入储罐 V702;打开 P701A/B 入口阀,V702 液位达到 30% 后启动泵 P701A/B,打开出口阀;打开 LV702 前后截止阀,打开 LV702,调节 LV702 开度;V702 液位控制设定值在 50%。

5.3.3.2　停车操作规程

(1)PVC 汽提工段停车。

控制表 PIC201 投手动;

待 V201 液位小于 2% 时,关闭泵 P202A 出口阀,停 P202A,关 P202A 入口阀,关闭 VI3V202;待 V202 液位小于 2% 时,关闭泵 P203A 出口阀,停 P203A,关 P203A 入口阀。

控制表 FIC201 投手动,关闭 FV201 前阀、FV201、FV201 后阀。

分别将 FIC202、LIC201、TIC201 投手动,并给适当开度,调节蒸汽的进料量,控制 T201 内的温度在 110 ℃。

关闭 FV202 前后阀、FV202。

待 T201 液位小于 2% 时,关闭泵 P204A 出口阀,停 P204A,关 P204A 入口阀;关闭 LV201 前后阀及 LV201。

(2)VCM 处理工段停车工段。

控制表 PIC301、LIC301、PIC302、LIC303 投手动,并给适当开度。(注:此时需同时手动打开 PIC701 给系统泄压)

待 E301 的压力为 0 时,关闭 PV301 前阀、PV301、PV301 后阀。

待 E301 的压力为 0 时,关闭液环式压缩机 C302 前后阀,停压缩机,关闭 VO3V302、VI1E302、VI1E301。

当 E301 液位降至 0 时,关闭 LV301 前阀、LV301、LV301 后阀;关闭 VI1V302 停脱盐水。

当 V302 压力降为 0 时,关闭 PV302 前阀、PV302、PV302 后阀;当 V302 液位降至 0 时,关闭 LV303 及其前后阀。

打开 VO2R101,开大 PV201,开大 VO2V202,对 R101、V201、V202 进行泄压(或通过抽真空排出)。

泄压结束后关闭 VO2R101、VO2V202、PV201 及其前后阀。

VCM 间歇处理工段停车参考上述。

控制表 PIC303、LIC302 投手动,并给适当开度;关闭 VI2V303 停脱盐水,关冷却水 VI1E303;待 V201、V202 的压力降至为 0 MPa 时,关闭液环式压缩机 C301 前后阀,停压缩机,关闭 VI1V303、VO3V303。

当 V303 压力降为 0 MPa 时,关闭 PV303 前阀、PV303、PV303 后阀;当 V303 液位降至 0 MPa 时,关闭 LV302 及其前后阀。

(3)废水汽提工段停车。

控制表 FIC401、FIC402、LIC401 投手动,并给适当开度,控制 T401 的气体出口温度在 90 ℃;确定 V302、V303、E301 不再有液相出料,当 V401 液位小于 2% 时,关闭泵 P401 出口阀。

停泵 P401、入口阀。

关闭 FV401 前阀、FV401、后阀;关闭 FV402 前后阀、FV402。

当 V401、T401 压力降至 0 时,分别关闭 VO1V401、VO1T401,关冷却水进口阀 VI1T401;当 T401 液位降低为 0 时,关闭 LV401 前阀、LV401、后阀。

(4)离心过滤停车工段。

当 V601 液位小于 2％左右时,关闭 P601A 出口阀,停泵 P601A,关 P601A 入口阀;停引风机 C602,关 C602 出口阀、入口阀。

停止运行离心机 F601。

(5)VC 回收工段停车。

分别将控制表 PIC701、LIC701、LIC702 投手动。

当 V701 压力降至 0 时,关闭 PV701 前阀、PV701、后阀;当 V701 液位降低为 0 时,关闭 LV701 前阀、LV701、后阀;停冷凝水,关闭 VI1E701、VI1E702。

当 V702 小于 2％时,关闭泵 P701A 出口阀、停泵 P701A,关闭入口阀;关闭 LV702 前后阀、LV702;检查关闭处于打开状态的所有阀门,确保每个阀门都处于关闭状态。

5.3.3.3 常见事故

(1)冷却水中断。

事故现象:T401 内温度升高。

事故处理方法:停止通蒸气,关闭 FV202 及其前后阀、FV402 及其前后阀;其他按停车步骤。

(2)泵 P204A 故障。

事故现象:T201 液位上升,V601 液位下降。

事故处理方法:马上打开泵 P204B 入口阀、启动泵 P204B、关出口阀;关闭泵 P204A 出口阀、停泵 P204A、关入口阀;控制 T201 的液位在 50％。

(3)停电事故

事故原因:电厂发生事故。

事故现象:所有机泵停止工作。

事故处理方法:

VC 回收系统:停止向 V701 进料,分别关闭 PV302、PV303、VO1T401 及它们的前后阀;关闭 PV701、LV701 及其前后阀,对 VC 回收系统保压保液;关闭泵 P701 出口阀、入口阀。

VC 处理工段:关闭 PV301 及其前后阀;停液环式压缩机 C301、C302 的入口阀、出口阀,关闭 VI2V303、VI1V302、VO3V303、VO3V302。

废水汽提工段:停止向 V401 进料,分别关闭 LV301、LV302、LV303 及它们的前后阀;停止向 T401 进料,关闭 FV401、FV402、LV401 及其前后阀;关闭泵 P401 出口阀、入口阀;关闭冷却水进口阀 VI1T401。

PVC 汽提工段:关 PV201、FV201、FV202、LV201 及其前后阀。停 P202、P203、P204 的出口阀、入口阀。

5.3.4　仿真画面

5.3.4.1　总貌画面

图 5-14 为总貌图界面。

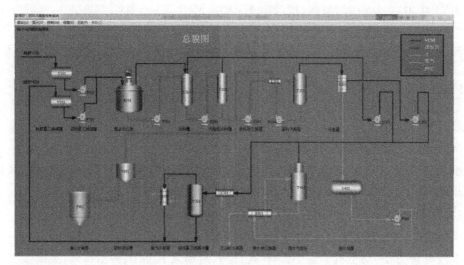

图 5-14　总貌图界面

5.3.4.2　DCS 图画面

图 5-15 至图 5-22 分别为各工段 DCS 图界面。

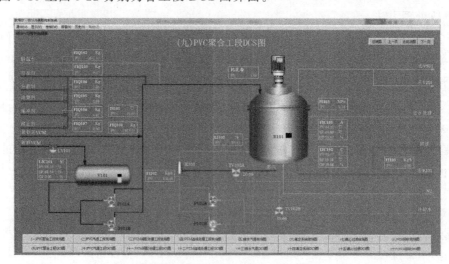

图 5-15　PVC 聚合工段 DCS 图界面

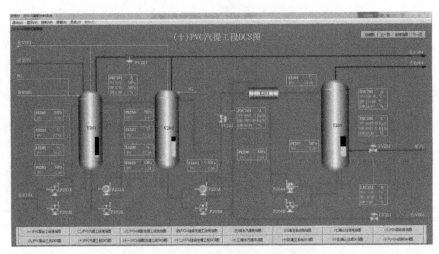

图 5-16　PVC 汽提工段 DCS 图界面

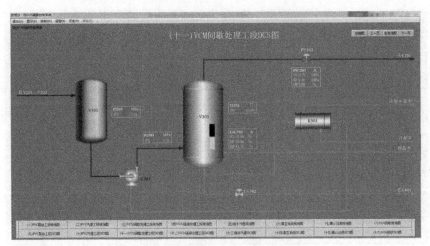

图 5-17　VCM 间歇处理工段 DCS 图界面

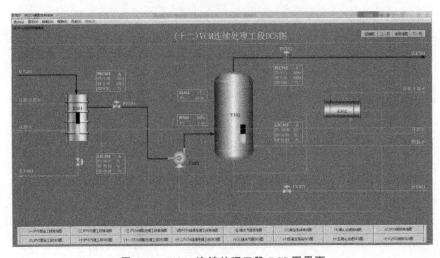

图 5-18　VCM 连续处理工段 DCS 图界面

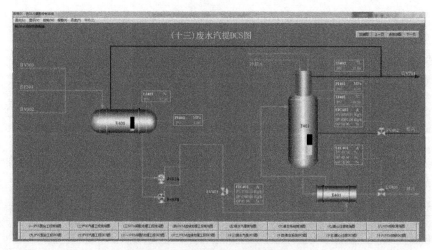

图 5-19　废水汽提 DCS 图界面

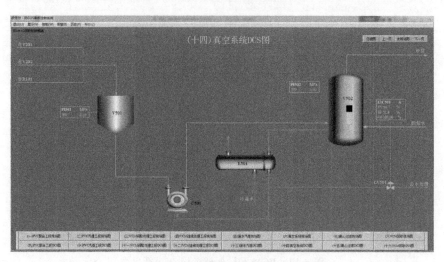

图 5-20　真空系统 DCS 图界面

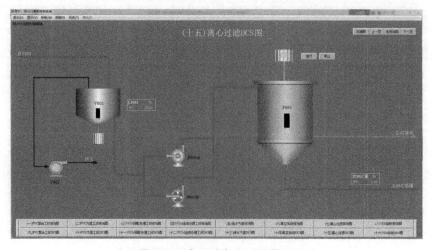

图 5-21　离心过滤 DCS 图界面

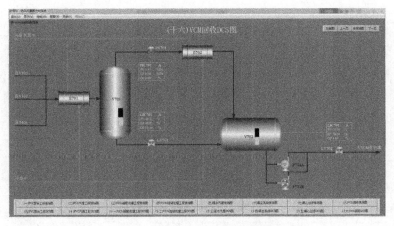

图 5-22　VCM 回收 DCS 图界面

5.3.3.2　现场图画面

图 5-23 至图 5-30 分别为各工段现场图界面。

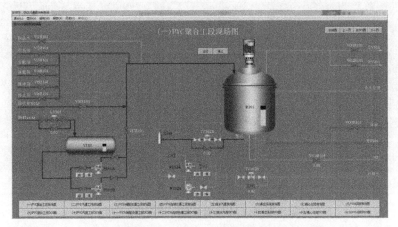

图 5-23　PVC 聚合工段现场图界面

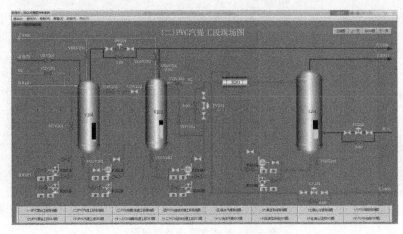

图 5-24　PVC 汽提工段现场图界面

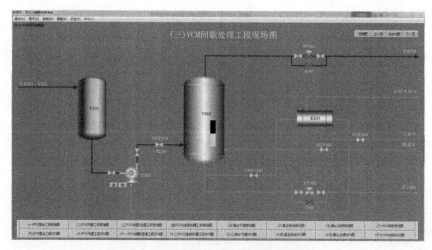

图 5-25　VCM 间歇处理工段现场图界面

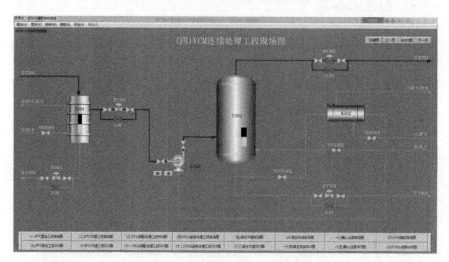

图 5-26　VCM 连续处理工段现场图界面

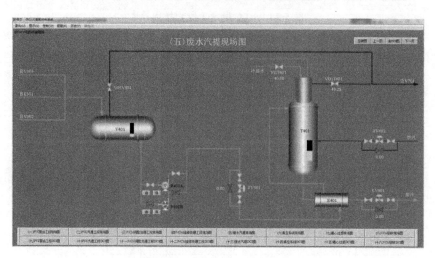

图 5-27　废水汽提现场图界面

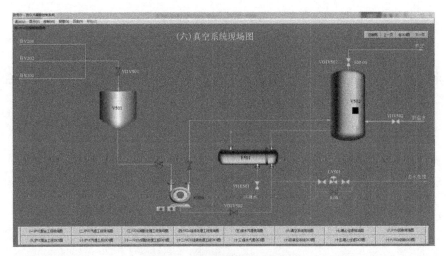

图 5-28　真空系统现场图界面

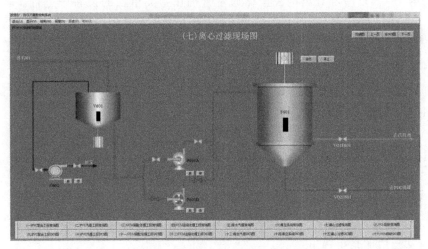

图 5-29　离心过滤现场图界面

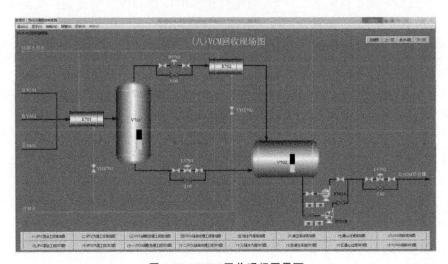

图 5-30　VCM 回收现场图界面

第6章 化工过程强化——反应精馏

6.1 概述

化工生产中,反应和分离两种操作通常分别在两类单独的设备中进行。若能将两者结合起来,在一个设备中同时进行,将反应生成的产物或中间产物及时分离,则可以提高产品的收率,同时又可用反应热为产品分离供能,达到节能的目的,反应精馏就是这样的一个过程。

目前,反应精馏一方面成为提高分离效率而将反应与精馏结合的一种分离操作,另一方面则成为提高反应收率而借助于精馏分离手段的一种反应过程。

6.1.1 使用反应精馏的基本要求

(1)化学反应必须在液相中进行。

(2)在操作系统压力下,主反应的反应温度和目的产物的泡点温度接近,以使目的产物及时从反应体系中移出。

(3)主反应不能是强吸热反应,否则精馏操作的传热和传质会受到严重影响,会使塔板分离效率降低,甚至使精馏操作无法顺利进行。

(4)主反应时间和精馏时间相比较,主反应时间不能过长,否则精馏塔的分离能力不能得到充分利用。

(5)对于催化蒸馏,要求催化剂具有较长的使用寿命,因为频繁地更换催化剂需要停止反应精馏操作,从而影响到生产效率,同时增加了生产成本。

(6)催化剂的装填结构不仅能使催化反应顺利进行,同时要保证精馏操作也能较好地进行。

6.1.2 反应精馏的特点

(1)选择性高。由于反应物一旦生成即移出反应区,对于如连串反应之类的复杂反应,可以抑制副反应,提高收率。

　　(2)转化率高。由于反应产物不断移出反应区,使可逆反应的平衡向右移动,提高了转化率。

　　(3)生产能力高。因为产物随时从反应区移出,故反应区内反应物含量始终较高,从而提高了反应速率,缩短了接触时间,提高了设备的生产能力。

　　(4)产品纯度高。对于促进反应的反应精馏在反应的同时也得到了较纯的产品;对沸点相近的物系,利用各组分反应性能的差异,采用反应精馏获得高纯度产品。

　　(5)能耗低。由于反应热可直接用于精馏,降低了精馏能耗,即使是吸热反应,因反应和精馏在同一塔内进行,集中供热也比分别供热节能,减少了热损失。

　　(6)节省投资。由于将反应器和精馏塔合二为一,节省设备投资,简化流程。

　　(7)系统容易控制。常用改变塔的操作压力来改变液体混合物的泡点(即反应温度),从而改变反应速率和产品分布。

6.1.3　乙酸乙酯实训装置简介

　　乙酸乙酯实训装置是典型的精细化学品生产装置,适合各类高等院校用于化学工程与工艺专业和精细化工等其他专业教学实训。整套装置包括乙酸乙酯的合成、乙酸乙酯的精制、萃取剂的回收三个部分,这三部分都包含精馏塔。既可以进行单个反应的操作练习,也可以根据老师和学生的自主研发设计进行多工段联合实训。

　　装置从培养高校学生的实践能力及职业培训需求出发,本着实用性与前瞻性相结合、职业技能培训鉴定与技能训练仿真软件相结合的思想,对工艺过程、动态操作、正在使用的国内先进的 DCS 控制系统进行操作实训,以培养能够适应当前及未来化工企业所需要的各类技术人员,满足化工工业建设与生产的需要。

　　装置 DCS 系统采用正泰中自 PCS1800 分布式控制系统,该系统是一套基于机架式安装、全集成 8/16 路 I/O、高性能、小尺寸、组装便携的中小规模控制系统。系统由一台 DCS 机柜(控制模块和 I/O 模块)、四台操作站(DCS 界面)、一套通信网络组成。DCS 机柜可完成数据的采集、运算和控制输出,实现现场控制;操作站可以实现各工段运行过程中温度、压力、液位、流量等工艺参数的监控以及对现场设备阀门控制操作;通信网络实现 DCS 与实训设备的控制连接。系统具有高可靠性、开放性、灵活性、协调性和易于维护等特点。

6.2　乙酸乙酯的合成

6.2.1　本工段简介

　　乙酸乙酯的制备过程其实就是典型的酯化反应的一个过程,而酯化反应是一个可逆的反应过程,在达到反应平衡时只有 2/3 左右的物料转变成酯。为了提高酯的产率,通常都让某一原料过量,或采用不断将反应产物酯或水蒸出等措施,使平衡不断向右移动。因为乙醇便宜、易得,所以在实验室制取乙酸乙酯时一般是使乙醇过量,但在工业生产中一般是使乙酸过量,以便使乙醇反应完全,避免乙醇和水及乙酸乙酯形成二元或三元共沸物给分离带来困难,而乙酸通过洗涤、分液很容易除去。

乙酸乙酯的合成方法有很多,例如可由乙酸或其衍生物与乙醇反应制取,也可由乙酸钠和卤乙烷反应来合成。其中最常用的方法是在酸催化下由乙酸和乙醇直接酯化法,常用浓硫酸、氯化氢、对甲苯磺酸或强酸性阳离子交换树脂等作催化剂。本实验中采用浓硫酸作为催化剂。

$$\text{主反应}:CH_3COOH+CH_3CH_2OH \underset{}{\overset{H_2SO_4}{\rightleftharpoons}} CH_3COOCH_2CH_3+H_2O$$

$$\text{副反应}:2CH_3CH_2OH \underset{}{\overset{H_2SO_4}{\rightleftharpoons}} CH_3CH_2OCH_2CH_3+H_2O$$

$$CH_3CH_2OH \overset{H_2SO_4}{\longrightarrow} CH_2{=}CH_2+H_2O$$

6.2.2　基本内容和操作规程

6.2.2.1　工艺文件准备

能识记乙酸乙酯生产过程工艺文件,能识读化学反应岗位的工艺流程图、工艺设备示意图、工艺设备的平面和立体布置图,能识读仪表联锁图。了解双釜反应工段主要设备的结构和布置。

6.2.2.2　开车前的动、静设备检查

(1)罐体检查。

检查各个罐体是否完好,是否存在跑、冒、滴、漏的情况,如果有及时处理。在加料前关闭所有的排尽阀门、真空阀门。

(2)阀门仪表。

在进行罐体检查时,按照顺序检查管路上的阀门开关是否灵活好用,有无松动、漏水现象,检查管路上的转子流量计是否调至最小,防止工艺液体将流量计中的转子瞬间冲至顶部导致流量计损坏。检查各个温度、压力仪表在电脑界面上是否正常显示,压力表是否归零,未归零的需要进行调零。检查罐体上的液位显示是否正常。

(3)输送管路。

检查各工艺液体、冷却水的管路是否正常,管线转弯处有无漏水现象,检查循环冷却水管线内水压是否达到要求。

检查原料液及电气等公用工程的供应情况。

检查原料液是否足够,能否供应本次实验需要。

（5）打开总电源。

检查电器仪表柜一切正常后，接通动力电源，再打开装置控制柜上电源开关（绿色按钮）使仪表上电，指示灯亮起说明动力电源已经接入，即整个设备供电处于准备开启状态。

（6）到中控室打开电脑，在电脑桌面找到 DCS 控制软件，双击进入，在弹出窗口中选择"工程师"，点击确定，在下一界面选择"进入系统"，就进入了 DCS 的控制界面。

6.2.2.3　操作步骤

在开始操作前保证所有的阀门都是关闭状态，在操作过程中一定要注意阀门及泵的启闭顺序。

1. 加料

在现场装置上打开阀 HV10110，在 DCS 上溶剂回收塔工段中启动真空泵 P50101，用软管放进乙醇原料桶然后打开阀 HV10111，利用真空将乙醇吸入 V10102 乙醇计量罐中。同样的方法向乙酸计量罐 V10101 中加入乙酸（乙酸中需加入乙酸质量 0.5% 的浓硫酸作催化剂）。进料完毕后在 DCS 界面中关闭真空泵 P50101。打开真空缓冲罐上的排空阀 HV40118、HV10101、HV10109，使 V10101、V10102 罐内以及真空管路均变为常压。打开 P10102 乙醇进料泵的泵前阀门 HV10112、流量计下阀门 HV10116，在 DCS 界面启动 P10102，设定进料流量 55 L/H，看乙醇计量罐液位，液位下降约 12 cm，同样的方法向塔釜加入乙酸，液位下降约 9 cm，加料完成后关闭 P10101、P10102。

2. 全回流操作

加料完成后，开始给反应精馏塔 T10101 的塔釜升温，在 DCS 界面点击 S60101 开关，在弹出窗口中点击打开再点击确定，在现场 S60101 上找到开关按钮，再点击循环按钮，设定加热温度为 120 ℃，此时塔釜开始加热了。随着加热的进行，当塔身中部温度达到 60 ℃ 时，打开循环水管路上相关阀门 HV40101、HV40104、HV40111，然后在 DCS 控制界面启动循环水泵 P40101A 及冷却塔风扇，酯化釜内沸腾后，反应产物乙酸乙酯、乙醇、水经过填料向上流动，经过反应精馏塔塔顶冷凝器 E10101，蒸汽全部冷凝成液体，进入 V10103 分相罐中。由于乙酸乙酯是油类，密度低于水，且溶解度不大，粗产品在分相罐 V10103 中分层，上层是乙酸乙酯，下层是水，产品在分相罐 V10103 中不断累积，当液位达到分相罐中部以上时，会从溢流管流入 V10104。待回流罐 V10104 中有 10 cm 液位时，开启 V10104 下底阀 HV10125，回流流量计下闸阀 HV10128，在 DCS 界面启动 P10103 回流泵，设定频率为 40%，调节旁路阀门 HV10127，使回流流量在 15 L/h 左右。现在全塔开始做全回流操作。全回流操作时注意保持 V10104 液位保持稳定，按需调节塔釜加热温度或回流泵频率。全回流操作一般需保持 20 min。

3. 部分回流、部分采出操作

全回流稳定 20 min 后，开始进行进料与采出操作。在 DCS 界面启动乙醇进料泵 P10102，设定流量 12 L/h，启动乙酸进料泵 P10101，设定流量 9 L/h。打开采出流量计下阀门 HV10129，通过调节 HV10127、HV10128、HV10129 的开度来改变回流与采出流量,回流流量约 15 L/h,采出流量为 5 L/h,两者流量比值即为回流比,塔顶采出的粗酯存在于 V20101 中。塔釜开始也采出残液,打开阀门 HV10137,调节转子流量计上旋钮,调节流量为 15 L/h 左右。

当粗酯罐 V20101 中液位达到 45 cm 时,可以开始进行下一个塔的精制操作。

4.实验结束

实验要结束时,首先关闭进料泵,关闭回流比控制开关,关闭塔釜采出。关闭塔釜加热,等塔顶温度降到 65 ℃ 以下时可以关闭回流泵已经冷却循环水泵。排尽塔釜、原料罐中剩余原料或残液。

6.2.2.4 化工仪表

(1)流量计(转子流量计、金属浮子流量计)。

(2)压力、液位测量(真空表、压力表、压力传感器、磁翻板液位计、玻璃管法兰液位计)

(3)热电阻温度计(PT100)。

(4)变频器(改变电的频率来改变电机的转速)。

(5)电磁阀。

6.2.3 主要设备技术参数

主要设备技术在数见表 6-1.

表 6-1　主要设备技术参数

序号	位号	名称	规格
1	V10101	乙酸计量罐	316L 不锈钢,φ377 * 650 * 2,立式
2	V10102	乙醇计量罐	304 不锈钢,φ377 * 650 * 2,立式
3	V10103	分相罐	316L 不锈钢,φ219 * 400 * 2,下部为锥体,角度 45°,立式(底部配玻璃视镜)
4	V10104	粗酯回流罐	316L 不锈钢材质,φ219 * 400 * 2,立式
5	V10105	反应精馏塔釜残液罐	316L 不锈钢,φ325 * 600 * 2,卧式
6	V10106	水相罐	316L 不锈钢,φ325 * 500 * 2,立式
7	V20101	粗酯储罐	304 不锈钢,φ325 * 600 * 2,立式
8	T10101	反应精馏塔	316L 不锈钢,Φ89 * 2 000 * 2,外保温后尺寸 Φ159,塔顶装有丝网除沫器,塔底有十字防涡器。外包保温层。塔釜:内胆 φ250 * 400,夹套 φ377 * 400,油温机供导热油加热。配磁翻板液位计。乙酸进料位置距离塔釜封头 1 200 mm,乙醇进料位置距离塔釜封头 600 mm
9	E10101	反应精馏塔顶冷凝器	φ159 * 800,浮头换热器,两端法兰连接

续表

序号	位号	名称	规格
10	E10102	反应精馏塔底冷却器	φ108＊600,列管换热器,两端法兰连接
11	P10101	乙酸进料泵	MG209XK,磁力驱动齿轮泵,额定压力 5 bar、流量范围 100～1 800 mL/min,380 V,180 W,316 不锈钢泵头(介质:乙酸),防爆电机
12	P10102	乙醇进料泵	MG209XK,磁力驱动齿轮泵,额定压力 5 bar、流量范围 100～1 800 mL/min,380 V,180 W,304 不锈钢泵头(介质:乙酸),防爆电机
13	P10103	反应精馏塔回流泵	MG209XK,磁力驱动齿轮泵,额定压力 5 bar、流量范围 100～1 800 mL/min,380 V,180 W,316 不锈钢泵头(介质:乙酸乙酯、水),防爆电机
14	FIT10101	乙酸进料流量	金属转子流量计;DN15,6～60 L/h,乙酸溶液,常温常压,法兰连接,4～20 ma 输出,316 不锈钢材质,防爆
15	FIT10102	乙醇进料流量	金属转子流量计;DN15,6～60 L/h,乙醇溶液,常温常压,法兰连接,4～20 ma 输出,防爆
16	FI10101	反应精馏塔回流流量	玻璃转子流量计,流量范围 6～60 L/h,乙醇、乙酸乙酯溶液,常温、常压
17	FI10102	反应精馏塔采出流量	玻璃转子流量计,流量范围 2.5～25 L/h,乙醇、乙酸乙酯溶液,常温、常压
18	FI10103	塔釜采出流量	玻璃转子流量计,流量范围 6～60 L/h,乙酸、浓硫酸溶液,常温、常压
19	MV10101	电磁阀	6 分电磁阀,316 不锈钢,常闭,AC220 V,控制塔釜液位

6.2.4　异常现象及处理和操作注意事项

6.2.4.1　异常现象及处理

异常刚及处理见表 6-2。

表 6-2　异常现象及处理

序号	故障现象	产生原因分析	处理思路	解决办法
1	反应釜液面降低无进料	进料泵停转或进料转子流量计卡住	确认进料管线是否通畅	检查进料泵和管线
2	反应釜内温度越来越低	加热器断电或有漏液现象等	确认加热是否通电	检查电气线路
3	仪表柜突然断电	有漏电现象或总电源关闭		请联系技术人员

6.2.4.2 操作注意事项

(1)因为原料中有浓 H_2SO_4,在加料时一定要做好防护。

(2)反应釜在加热过程中,不要随手触摸夹套外壁,防止烫伤。

(3)加热过程中不得打开加油漏斗下的球阀,防止有高温油气喷出。

(4)本实验采用的是通过真空使罐体形成负压从而达到进料的目的,所以在操作过程中一定要注意各个阀门的启闭顺序,防止液体倒吸。

(5)实验结束后,相应的原料罐中会有原料残留,可以存放在罐中,下次实验再用,但要将相应的阀门关好并做好记录,以防忘记。

6.3 乙酸乙酯的精制

6.3.1 本工段简介

上一个工段生产获得的乙酸乙酯中含有乙醇、水等杂质,乙酸乙酯含量较低,约60%左右,本装置采用萃取精馏法提纯乙酸乙酯,乙二醇为萃取剂。

萃取精馏是在被分离的混合物中加入某种添加剂,以增加原混合物中的两组分间的相对挥发度(添加剂不与任一组分形成共沸物),从而使混合物的分离变得容易。所加入的添加剂为挥发度很小的溶剂(萃取剂),其沸点高于原混合物中各组分沸点。由于萃取精馏操作条件较宽,溶剂在塔内也不挥发,故热量消耗较恒沸精馏小,在工业上应用更广泛。

6.3.2 基本内容和操作规程

6.3.2.1 工艺文件准备

能识记乙酸乙酯精制过程工艺文件,能识读本工段的工艺流程图、工艺设备示意图、工艺设备的平面和立体布置图,能识读仪表联锁图。了解本工段主要设备的结构和布置。

6.3.2.2 开车前的动、静设备检查

(1)罐体检查。

检查各个罐体是否完好,在加料前首先启动真空泵,打开真空管路上相关阀门,利用真空给 V20102 萃取剂储罐加入原料乙二醇。

（2）阀门仪表。

在进行罐体检查时，按照顺序检查管路上的阀门开关是否灵活好用，有无松动、漏水现象，检查管路上的转子流量计是否调至最小，防止工艺液体将流量计中的转子瞬间冲至顶部导致流量计损坏。检查各个温度、压力仪表在电脑界面上是否正常显示，压力表是否归零，未归零的需要进行调零。检查罐体上的液位显示是否正常。打开各罐子上放空阀门。

（3）输送管路。

检查各工艺液体、气体以及冷却水的管路是否正常，管线转弯处有无漏水现象，检查循环冷却水管线内水压是否达到要求。

（4）原料液及电气等公用工程的供应情况。

检查原料液是否足够，能否供应本次实验需要。

6.3.2.3 操作步骤

在开始操作前保证所有的阀门都是关闭状态，在操作过程中一定要注意阀门及泵的启闭顺序。本实验是一个萃取精馏操作，要注意控制各个进料泵的流量，保证罐内液位高度。

（1）向塔釜进料。

打开 V20101 粗酯罐下方底阀 HV20103、流量计下阀门 HV20107，进塔阀门 HV20109，在 DCS 界面启动 P20101 粗酯进料泵，设定进料流量为 55 L/h，当 T20101 酯精制塔塔釜液位达到 40 cm 时，关闭 P20101。

（2）全回流操作。

开始给酯精制塔 T20101 升温，在 DCS 上设定加热功率设定为 100%，当塔身温度上升时，打开循环水管路上相关阀门 HV40113、HV40112，然后启动循环水泵 P40101A 及冷却塔风扇，塔釜釜内温度达到沸点后，上升蒸气沿着精馏塔内填料向上流动，经过酯精制塔顶冷凝器 E20101，蒸气全部冷凝成液体，进入 V20103 回流罐中。将加热功率降为 50%左右，待 V20103 回流罐中有一半液位后，全开旁路阀门 HV20125，启动回流泵 P20103，调节流量计下阀门 HV20134，设定流量为 15 L/h，开始全回流操作，微调加热功率、回流量保证精馏塔的稳定运行。全回流操作稳定 20 min 后，开始进行部分回流部分采出操作。

（3）部分回流部分采出。

在 DCS 界面启动粗酯进料泵 P20101，设定流量 10 L/h，启动乙二醇进料泵 P20103，设定流量 20 L/h。打开采出流量计下阀门 HV10135，通过调节 HV10134、HV10135 的开度来改变回流与采出流量，回流流量约 15 L/h，采出流量为 5 L/h，两者流量比值即为回流比，塔顶采出的酯存在于 V20104 中。塔釜开始也采出残液，打开阀门 HV20130，调节转子流量计上旋钮，调节流量为 25 L/h 左右。微调加热功率、回流采出流量，维持塔釜液位以及回流罐液位保持稳定。

待精制塔残液罐 V20105 有 15 cm 液位时可以进行溶剂回收操作。

(4)实验结束。

实验要结束时,首先关闭进料泵,关闭回流泵,关闭塔釜采出。关闭塔釜加热,等塔顶温度降到 65 ℃以下时可以关闭回流泵。排尽塔釜、原料罐中剩余原料或残液。

6.3.2.4　化工仪表

(1)流量计(转子流量计、金属浮子流量计)。

(2)压力、液位测量(真空表、压力表、压力传感器,磁翻板液位计、玻璃管法兰液位计)。

(3)热电偶温度计。

(4)变频器(控制电机的转速)。

(5)电磁阀、电动调节阀。

6.3.3　主要设备技术参数

主要设备技术在数见表 6-3。

表 6-3　主要设备技术参数

序号	位号	名称	规格
1	V20101	粗酯储罐	304 不锈钢,$\varphi 325 * 600 * 2$,立式
2	V20102	萃取剂储罐	304 不锈钢,$\varphi 325 * 600 * 2$,立式
3	V20103	酯精制塔回流罐	316L 不锈钢,$\varphi 219 * 400 * 2$,下部为锥体,角度 45°,立式(底部配玻璃视镜)
4	V20104	乙酸乙酯产品罐	304 不锈钢,$\varphi 325 * 600 * 2$,立式
5	V20105	酯精制塔残液罐	316L 不锈钢,$\varphi 325 * 600 * 2$,卧式
6	T20101	酯精制塔	316L 不锈钢,$\Phi 89 * 2\,000 * 2$,外保温后尺寸 $\Phi 159$ mm,塔顶装有丝网除沫器,塔底有十字防涡器。外包保温层,塔釜:内胆 $\varphi 250 * 400$,外保温尺寸 $\varphi 300$ mm。配磁翻板液位计,萃取剂进料位置距离塔釜封头 1 500 mm,粗酯进料位置距离塔釜封头 600 mm
7	E20101	精制塔顶冷凝器	$\varphi 159 * 800$ mm,列管换热器,两端法兰连接
8	E20102	精制塔底冷却器	$\varphi 108 * 600$ mm,列管换热器,两端法兰连接
9	E20103	精制塔进料预热器	304 不锈钢材质,外保温后 $\varphi 76 * 150$ mm,上部锥形,内置单根 500 W 加热棒,电压 220 V
10	P20101	粗酯进料泵	MG209XK,磁力驱动齿轮泵,额定压力 5 bar,流量范围 100～1 800 mL/min,380 V,180 W,316 不锈钢泵头(介质:乙酸乙酯),防爆电机

序号	位号	名称	规格
11	P20102	萃取剂进料泵	MG209XK,磁力驱动齿轮泵,额定压力 5 bar、流量范围 100～1 800 mL/min,380 V,180 W,304 不锈钢泵头(介质:乙二醇),防爆电机
12	P20103	精制塔回流泵	磁力驱动泵,16CQ-8,电压 380 V,功率 180 W,扬程 8 m,流量 25 L/min,介质乙酸乙酯,常温,常压
13	FIT20101	粗酯进料流量	金属转子流量计,DN15,6～60 L/h,乙酸乙酯溶液,常温常压,法兰连接,4～20 ma 输出,防爆
14	FIT20102	萃取剂进料流量	金属转子流量计,DN15,6～60 L/h,乙二醇溶液,常温常压,法兰连接,4～20 ma 输出,防爆
15	FIT20103	精制塔回流流量	金属转子流量计,DN15,6～60 L/h,乙酸乙酯溶液,常温常压,法兰连接,4～20 ma 输出,防爆
16	FIT20104	精制塔顶采出流量	金属转子流量计,DN15,3～30 L/h,乙酸乙酯溶液,常温常压,法兰连接,4～20 ma 输出,防爆
17	FI20101	塔釜采出流量	玻璃转子流量计,流量范围 6～60 L/h,乙二醇、乙醇溶液,常温、常压
18	MV20101	电磁阀	6 分电磁阀,316 不锈钢,常闭,AC220 V,控制塔釜液位

6.3.4 异常现象及处理和操作注意事项

6.3.4.1 异常现象及处理

异常现象及处理见表 6-4。

表 6-4 异常现象及处理

序号	故障现象	产生原因分析	处理思路	解决办法
1	反应釜液面降低无进料	进料泵停转或进料转子流量计卡住	确认进料管线是否通畅	检查进料泵和管线
2	反应釜内温度越来越低	加热器断电或有漏液现象等	确认加热是否通电	检查电气线路
3	仪表柜突然断电	有漏电现象或总电源关闭		请联系技术人员

6.3.4.2 操作注意事项

(1)反应釜在加热过程中,不要随手触摸夹套外壁,防止烫伤。

(2)本实验采用的是通过真空使罐体形成负压从而达到进料的目的,所以在操作过程中一定要注意各个阀门的启闭顺序,防止液体倒吸。

（3）实验结束后，相应的原料罐中会有原料残留，可以存放在罐中，下次实验再用，但要将相应的阀门关好并做好笔记，以防忘记。

6.4　萃取剂的回收

6.4.1　本工段简介

上一个工段萃取精馏塔塔底产物中含有乙二醇、乙酸乙酯、乙醇、水等杂质，乙二醇含量较高，约 80% 左右，剩下的是乙醇、乙酸乙酯、水。我们需要回收乙二醇。其中乙二醇沸点 197.3 ℃，水 100 ℃，乙醇 78 ℃，乙酸乙酯 77 ℃，因为乙二醇与其他组分的沸点差异大，只需要简单的蒸馏就能将乙二醇中的其他组分分离出来。

主要流程：将需要回收的乙二醇溶液加到回收塔塔釜，开始加热，当塔顶气相温度到 100 ℃左右，即可以判定塔釜的乙二醇已经达到回收要求，可以采样检测了。

6.4.2　基本内容和操作规程

6.4.2.1 工艺文件准备

能识记乙二醇回收过程工艺文件，能识读本工段的工艺流程图、工艺设备示意图、工艺设备的平面和立体布置图，能识读仪表联锁图。了解本工段主要设备的结构和布置。

6.4.2.2　开车前的动、静设备检查

（1）罐体检查。

检查各个罐体是否完好，是否存在跑、冒、滴、漏的情况，如果有及时处理。在加料前关闭所有的排尽阀门、真空阀门。

（2）阀门仪表检查。

在进行罐体检查时，按照顺序检查管路上的阀门开关是否灵活好用，有无松动、漏水现象，检查管路上的转子流量计是否调至最小，防止工艺液体将流量计中的转子瞬间冲至顶部导致流量计损坏。检查各个温度、压力仪表在电脑界面上是否正常显示，压力表是否归零，未归零的需要进行调零。检查罐体上的液位显示是否正常。打开各罐子上放空阀门。

（3）输送管路检查。

检查各工艺液体、气体以及冷却水的管路是否正常，管线转弯处有无漏水现象，检

查循环冷却水管线内水压是否达到要求。

（4）原料液及电气等公用工程的供应情况。

检查原料液是否足够，能否供应本次实验需要。

6.4.2.3　操作步骤

在开始操作前保证所有的排尽阀门、真空阀门、取样阀门都是关闭状态，各个罐上的放空阀门保持开启，在操作过程中一定要注意阀门及泵的启闭顺序。本实验是一个蒸馏操作，要注意观察塔顶气相温度，保证塔釜内液位在合适的高度。

（1）向塔釜进料。

打开 V20105 粗酯罐下方底阀 HV30101、流量计下阀门 HV30105，进塔阀门 HV30106，在 DCS 界面启动 P30101 溶剂回收塔进料泵，设定进料流量为 55 L/h，当 T30101 酯精制塔塔釜液位达到 40 cm 时，关闭 P30101。

（2）蒸馏。

开始给酯精制塔 T30101 升温，在 DCS 上设定加热功率设定为 100%，当塔身温度上升时，打开循环水管路上相关阀门 HV40118，然后启动循环水泵 P40101A 及冷却塔风扇，塔釜釜内温度上升后，低沸点组分变成蒸气沿着精馏塔内填料向上流动，经过酯精制塔顶冷凝器 E20101，蒸气全部冷凝成液体，进入 V30101 回流罐中。当回流罐中存在约 10 cm 液位时可以启动采出泵 P30103 将回流罐中液体输送到 V30102 塔顶产品罐中。当塔顶气相温度到 100 ℃左右，即可以判定塔釜的乙二醇已经达到回收要求，可以采样检测了。检测合格后，塔釜产品通过换热器 E30103 萃取剂冷却器，进入 V30104 回收塔残液罐中。再通过 P30104 萃取剂回收泵输送到 V20102 萃取剂储罐中。

（3）实验结束

实验要结束后，依次关闭进料泵，回流泵和塔釜采出。关闭塔釜加热，等塔顶温度降到 65 ℃以下时可以关闭回流泵。排尽塔釜、原料罐中剩余原料或残液。

6.4.2.4　化工仪表

（1）流量计（转子流量计、金属浮子流量计）。

（2）压力、液位测量（真空表、压力表、压力传感器，磁翻板液位计、玻璃管法兰液位计）。

（3）温度变送器（PT100）。

（4）变频器（控制电机的转速）。

（5）电磁阀、电动调节阀。

6.4.3　主要设备技术参数

主要设备技术参数见表 6-5。

表 6-5　主要设备技术参数

序号	位号	名称	规格
1	V30301	溶剂回收塔回流罐	304 不锈钢,φ219 * 500 * 2,立式
2	V30302	溶剂回收塔塔顶产品罐	304 不锈钢,φ325 * 600 * 2,立式
3	V30303	溶剂回收塔塔底产品罐	316L 不锈钢,φ325 * 600 * 2,卧式
4	V40102	真空缓冲罐	316L 不锈钢,φ325 * 550 * 3,立式
5	T30301	溶剂回收塔	316L 不锈钢,Φ89 * 2 000 * 2,外保温后尺寸 Φ159 mm,塔顶装有丝网除沫器,塔底有十字防涡器。塔釜:Φ250 * 400。全塔共有 12 块不锈钢塔板,板间距为 100 mm,焊上法兰后,用螺栓连在一起,并垫上聚四氟乙烯垫,塔身的第二段是用耐热高硼硅玻璃,筛板开 2 mm 孔,孔间距 6 mm,开孔率 6%
6	E30101	溶剂回收塔顶冷凝器	φ159 * 800,列管换热器,两端法兰连接
7	E30102	溶剂回收塔预热器	304 不锈钢材质,外保温后 φ76 * 150,上部锥形,内置单根 500 W 加热棒,电压 220 V
8	E30103	萃取剂冷却器	φ108 * 600,列管换热器,两端法兰连接
9	P30101	溶剂回收塔进料泵	MG209XK,磁力驱动齿轮泵,额定压力 5 bar、流量范围 100~1 800 mL/min,380 V,180 W,316 不锈钢泵头(介质:乙二醇、乙醇),防爆电机
10	P30102	溶剂回收塔回流泵	MG209XK,磁力驱动齿轮泵,额定压力 5 bar、流量范围 100~1 800 mL/min,380 V,180 W,316 不锈钢泵头(介质:乙醇),防爆电机
11	P30103	溶剂回收塔采出泵	MG209XK,磁力驱动齿轮泵,额定压力 5 bar、流量范围 100~1 800 mL/min,380 V,180 W,316 不锈钢泵头(介质:乙醇),防爆电机
12	P30104	萃取剂回收泵	磁力驱动泵,MP-40RM,电压 220 V,功率 65 W
13	FIT30101	溶剂回收塔进料流量	金属转子流量计;DN15,6~60 L/h,乙二醇溶液,常温常压,法兰连接,4~20 ma 输出,防爆
14	FIT30102	溶剂回收塔回流流量	金属转子流量计;DN15,6~60 L/h,乙醇溶液,常温常压,法兰连接,4~20 ma 输出,防爆
15	FIT30103	溶剂回收塔采出流量	金属转子流量计;DN15,3~30 L/h,乙醇溶液,常温常压,法兰连接,4~20 ma 输出,防爆
16	FI30101	塔釜采出流量	玻璃转子流量计,流量范围 6~60 L/h,乙二醇溶液,常温、常压
17	MV30101	电动球阀	304 不锈钢材质,DN20,4~20 ma,控制塔釜液位

6.4.4　异常现象及处理和操作注意事项

6.4.4.1　异常现象及处理

异常现象及处理见表 6-6。

表 6-6　异常现象及其处理办法

序号	故障现象	产生原因分析	处理思路	解决办法
1	反应釜液面降低无进料	进料泵停转或进料转子流量计卡住	确认进料管线是否通畅	检查进料泵和管线
2	反应釜内温度越来越低	加热器断电或有漏液现象等	确认加热是否通电	检查电气线路
3	仪表柜突然断电	有漏电现象或总电源关闭		请联系技术人员

6.4.4.2　操作注意事项

(1)塔釜在加热过程中,不要随手触摸夹套外壁,防止烫伤。

(2)本实验采用的是通过真空使罐体形成负压从而达到进料的目的,所以在操作过程中一定要注意各个阀门的启闭顺序,防止液体倒吸。

(3)实验结束后,相应的原料罐中会有原料残留,可以存放在罐中,下次实验再用,但要将相应的阀门关好并做好笔记,以防忘记。

6.5　DCS 软件使用方法

6.5.1　装置送电

打开断路器开关,DCS 柜启动,按下控制柜上的绿色按钮,按钮上的绿色灯亮起,听到电柜的风扇声,说明送电完成。

6.5.2　启动 DCS 软件

打开中控室中的电脑,在桌面找到"ChiticView"快捷方式,双击进入,在弹出窗口中,用户名下拉选择"工程师",点击确定,进入系统主界面,选择"任一个工段",进入可以看到工艺图及各个控制点。

6.5.3 动设备使用方法

以 P10101 为例:点击泵上的红点,泵启动后自动变成绿色,再次点击关闭,颜色变成红色。流量设定:点击泵旁边的 FIC10101 按钮,在弹出窗口中点击左下角的自动按钮,"自动"旁边的圆形由红色变成绿色,然后再点击"SV",在弹出窗口中输入目标流量,确定后系统自动调节泵的转速,使流量达到设定值。(SV:设定值;PV:测量值;MV:输出值。可以是泵的转速、加热的加热功率等)

6.5.4 加热使用方法

6.5.4.1 T10101 的加热

在 DCS 界面点击 S60101,在弹出窗口中选择"打开",再点击确定,到现场油温机上按下开关按钮,再点击循环。温度设定:点击油温机上"set"按钮,用"←""↑""↓"来调节设定温度。

6.5.4.2 T20101、T30101 的加热

点击塔釜的红色方块,在弹出窗口中选择"打开",再点击确定,点击 TIC20101,在弹出窗口中选择手动,再点击 MV,手动输入 0～100 的数字,0 代表不加热,100 代表满功率加热。

6.5.4.3 预热器的加热

点击预热器上的红色方块,在弹出窗口中选择"打开",再点击确定,点击 TIC20101,在弹出窗口中选择自动,再点击 SV,输入设定温度,一般设置为 50～70 ℃,系统自动调节加热功率,使物料温度达到设定温度。